家居色彩意象 150个家的 配色方案与灵感随想

Home Furnishing Color Image
150 Color Schemes
And Inspirational Ideas

色咖工作室 / 编著

化学工业出版社

· 北 京 ·

参加编写人员：
姜晓龙　廖　翮　赵　琳

图书在版编目（CIP）数据

家居色彩意象：150个家的配色方案与灵感随想 / 色咖工作室编著．—北京：化学工业出版社，2016.5
ISBN 978-7-122-26489-3

Ⅰ．①家…　Ⅱ．①色…　Ⅲ．①住宅-室内装饰设计-色彩学　Ⅳ．①TU241

中国版本图书馆CIP数据核字（2016）第046908号

责任编辑：孙梅戈　　　　装帧设计：黄　放

出版发行：化学工业出版社（北京市东城区青年湖南街13号　邮政编码100011）
印　　装：北京瑞禾彩色印刷有限公司
710mm×1000mm　1/16　印张18　字数350千字　2016年5月北京第1版第1次印刷

购书咨询：010-64518888（传真：010-64519686）　售后服务：010-64518899
网　　址：http://www.cip.com.cn
凡购买本书，如有缺损质量问题，本社销售中心负责调换。

定　　价：88.00元

序言

Preface

自然界中存在着千万种颜色，人眼可辨别的十分有限。即便如此，我们眼中的世界依然缤纷绚丽，姿色万千。色彩是家居世界最美妙、也最为准确的语言，那些无法言说的梦想，只需几个色彩便可以清晰地勾勒出来，并在眼前徐徐展开——蓝色搭配白色，是大海和沙滩的拥抱，而点缀的红色，也许是屈原遗留在沙滩上的鞋子；绿色与棕色的搭配，让人想起“离离原上草，一岁一枯荣”的诗篇；黑白灰的优雅配置，带来的是一幅幅水墨画卷，高朋满座、曲水流觞。每个人都有钟爱的配色，它流淌在血液中，最终成为生活方式的表达。不论是春花秋月的浪漫，还是乡村田园的温馨，亦或时尚瑰丽的奢华，都是梦想在家居世界的投影。所以，本书从自然、建筑、历史、电影、甚至古老的传说中汲取配色灵感，汇编成150个配色方案，同时配有实景展示，这为需要家居装潢的用户和设计师提供了丰富的灵感来源和实际的配色指导，具有极大参考价值。尽管我们精心制作了这本书，但难免会有不完美之处，也请读者朋友们包容指正。

家是一个高度个性、私密的空间，家居配色本没有对错，只有喜欢与不喜欢的区别，只要是能为自己带来愉悦、舒适的配色就是最好的。所以，我们更希望成为家居配色的助手而非说教者，也希望书中的内容能够为读者们带来切实有效的提升和帮助，每个人都有可能成为配色的大咖。

目录

Table of Contents

Blue color collection

蓝色系

Purple color collection

紫色系

目录

Table of Contents

Brown color collection

棕色系

色彩索引

Color Index

为了方便大家根据自己喜欢的色彩，快速找到相关配色方案，我们制作了配色方案的色彩索引，将 150 个配色方案的主色以色块的形式罗列出来，上面有相应的页码，你可以选择任意一款色彩，直接翻到相关页码进行阅读。

绿洲色 099~101

波菜绿 102

橄榄绿 103

深青色 104~105

浅松石色 108~111

Tiffany 蓝 112~113

柔和蓝 114~116

婴儿蓝 117~119

勿忘我蓝 120~121

浅灰蓝 122~123

黄昏蓝 124~125

海蓝色 126~127

蓝鸟色 128~129

潜水蓝 130

孔雀蓝 131

挪威蓝 132~134

景泰蓝 135~137

皇室蓝 138~139

米克诺斯蓝 140~141

代尔夫特蓝 142~144

倒影蓝 145

比斯开湾蓝 146~147

深牛仔蓝 148~149

柔薰衣草色 152~153

色彩索引

Color Index

活力橙 216~219
爱马仕橙 220~221
奶油色 224~227
晚霞色 228~232
纳瓦霍黄色 233~ 234
含羞草花黄 235~237
柠檬糖果黄 238~239
山杨黄 240
玉米黄 241
蜂蜜色 242
粉黄色 243
橡木黄 244~245
赭黄色 246~249
灰褐色 252~253
月光色 254
百灵鸟色 255
太妃糖色 256~259
米褐色 260~261
古巴砂色 262~263
黏土色 264~265
香薰色 266~267
杏仁色 268~269
鹧鸪色 270~271

白色系

White color collection

素雅且丰富的情感表达

在家居中，白色是无可取代的，它既是最普通又是最时髦的存在。高雅、圣洁的百合白，是少女神圣的婚纱；温暖、舒适的冬日白，是冬日清晨阳光的拥抱；清新、脱俗亮白色，是天山冰清玉洁的雪莲。白色素雅的外表下隐藏着最丰富的情感。本章所选出的每个配色方案中，不一样的白色总能表达出不同的空间意向和家居情感。

沙色
BN 4-07

蜂蜜色
YL 1-03 ❶

茶花女之泪

Tears of Camille

解析_纯洁无瑕的百合白主色调，为你打造轻盈、优雅、梦幻般的居室空间。简约不失精致的石膏线、彰显浪漫情调的窗幔装饰，以婉约柔和的色泽，凝聚新古典的明媚气质。曙光银色成为沙发、座椅的底色，并结合丝绒面料的细腻触感，光滑犹如少女的皮肤。沙色在不同程度上良好地协调了空间的色彩分布，无论是应用于窗帘，还是还原现代雕塑装饰的质朴本色，抑或成为壁炉和三人沙发的基础用色，都能减少距离感，并为空间注入源源不断的温柔气质。

❶ 色咖工作室专用色彩编号，全套色谱请扫描书封面二维码查看。

巴黎的东方韵味

Oriental Charm of Paris

春天悄悄来临，[illegible]开始发芽，与缠绕的绿萝爬满整个墙面，春天的气息扑面而来。[illegible]的Chinoiserie风带着浪漫的巴黎宫廷气息，将春色铺满房间。三百年间，这种风格经历了时间考验，独有的浪漫气质满足了人们对优雅生活的所有想象；让人迷恋的欧式格调，却又有[illegible]的东方韵味。

解析_以冬日白作为房间的背景色，采用Chinoiserie风格的壁纸，为餐厅定下浪漫中国风的基调。空间里的重要家具例如边桌、餐桌、脚凳款式上采用古典造型，色彩上使用玳瑁色。餐椅可以选择蓝铃花色的包布，既可以提亮空间，增强层次感，又可以带来舒适的视觉效果。在边桌上可以摆放一组浅孔雀蓝的现代玻璃花瓶或者火红色的餐具，这样深色的家具就不会显得那么暗了。

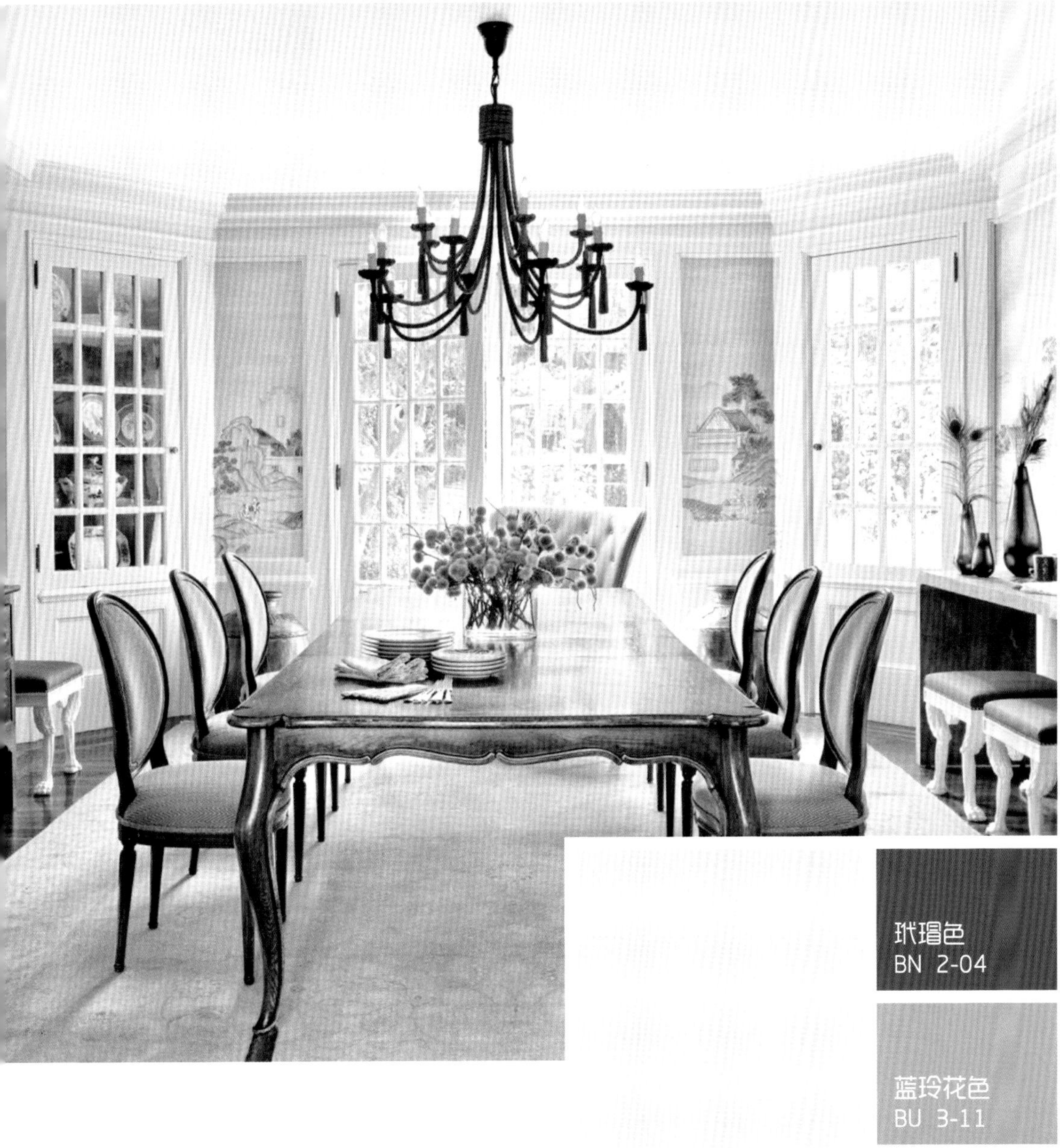

玳瑁色
BN 2-04

蓝玲花色
BU 3-11

火红色
RD 1-07

浅孔雀蓝
BU 2-05

邦尼蓝
BU 3-07

百合白
WT 1-02

沙色
BN 4-07

亮白色
WT 1-01

蜂蜜色
YL 1-03

梦幻海滩

Dream Beach

海滩是梦想的温床，那里有优美的风景、纯真的情怀、岁月静好的时光。不仅诗人，每个人心中都有自己的一片海滩，也许是童年的一段天真往事，少年时的一段暗恋，青年时的一次远行，成年时的一个故事。所以，海滩的色彩总是那么朦胧、梦幻，真假难辨，仿佛一个永远都醒不来的梦境。

解析_用亮白色作为卧室墙面的装饰色彩，力求简洁，不做过多修饰。整个空间的特色在于美妙的床幔运用，可以选择蓝白碎花的床幔，营造典雅特色还可以选用纯百合白色的蕾丝床幔，浪漫至极。邦妮蓝是白色的最佳配色，用在床品上最好不过。这样梦幻的空间，一定少不了青花饰品的点缀，可以选择青花的花瓶作为装饰，也可以选择青花底座的台灯，搭配沙色的灯罩。少量的蜂蜜色点缀会提亮空间色彩，也会提升空间品位。

少年派的奇幻漂流

Life of Pi

一少年，一猛虎，一段南太平洋上奇幻的漂流旅程。急速飞鱼、夜光水母、食人小岛……梦幻恢弘和色彩艳丽的场面将人们带入浩瀚的海洋世界。这样美丽的大海，如此漂亮的景色，许多人穷尽一生都未必可以亲眼看到。

解析_来自少年派的奇幻之旅，这股清新、纯净的蓝色之风，带你踏入南太平洋的梦幻中。黄昏蓝与米克诺斯蓝相间的横条纹壁纸打造出强烈的视觉冲击，亮白色的地面和床品，让空间洁净而清凉。在黄昏蓝的地毯上使用皮革棕的床，空间层次分明，沉稳大气。亮白色多轴悬挂拉窗设计极富动感，具有良好的透光性。在男孩房的设计中，篮球元素成为一大看点，无论是做壁挂效果还是放置于双人上下床的立架侧列，合理的空间布局和深浅不一的蓝色调配，时尚个性。

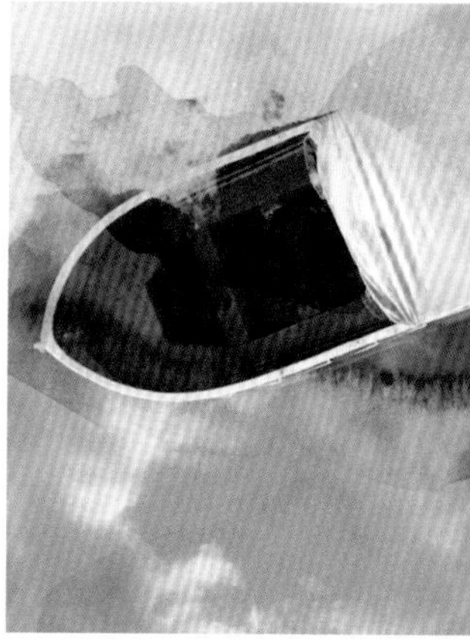

黄昏蓝
BU 4-04

米克诺斯蓝
BU 3-14

皮革棕
BN 3-01

亮白色
WT 1-01

纯黑色
GY 1-01

蓝铃花色
BN 3-11

浅松石色
BU 2-08

抹茶色
GN 4-05

亮白色
WT 1-01

睡莲

Water Lily

这套配色方案灵感来自荷塘中的睡莲。睡莲的生命在水中度过，一片静波荡漾的水域，那里灵气充沛，滋生了大量的生物。睡莲日出而作日落而息，清晨会将紧闭的白色花苞挺出水面，绽放着，沉醉东风里；傍晚则会随着最后一缕阳光的离开合上叶子和花瓣，回到水中休眠。古埃及，它被视为圣洁、美丽的化身，倍显寂静。

解析_以素雅的搭配色彩，营造出一幅意境深远的画卷。亮白色的墙壁宛如破晓黎明，搭配同样色彩的床品，如睡莲般纯洁无瑕。在床品中加入蓝铃花色的线条，勾勒出无限的清雅秀丽。床头板与窗帘拥有相同的蓝铃花色与抹茶色花卉图案，于素雅中营造一些繁华。在浅松石色沙发上，点缀一条丁香粉色沙发巾，正如一池含苞待放的睡莲。墙壁上可以使用玳瑁色画框，镶嵌蜂蜜色线条的小幅挂画作为装饰。

水墨绅士

Black and White

黑白灰，使人回忆起水墨画的神韵和久远的黑白照片。它没有过多跳跃的色彩，沉稳与低调，简洁和优雅，正是都市中绅士的品质，他们沟通着过去与未来，让想象如同水墨一般尽情渲染。

解析_亮白色墙壁围绕下的居室空间里，实木门框加上铁制品的组合搭配，极具现代化气息。简约随性的装饰挂画和系列家具单品明朗分布，配合室内充足的光线和个性化元素，让整个空间显得新颖别致，时尚有趣。

亮白色
WT 1-01

玳瑁色
BN 2-04

杏仁色
BN 3-03

魅影黑
GY 1-03

墨玉色
GY 1-02

代尔夫特蓝
BU 3-05

钢灰色
GY 1-06

纯黑色
GY 1-01

鹧鸪色
BN 1-04

亮白色
WT 1-01

遇见圣托里尼

Meeting Santorini

蓝色屋顶，洁白墙壁，被一片祥和、一片圣洁笼罩的圣托里尼，是人们最为虔诚的信仰。白色基调，成为永恒的主旋律，伴着朝阳、落日余晖和海水，日复一日，你能遇上最好的圣托里尼，正如遇见最好时光中的你。

解析_如此耀眼纯白的世界，让人联想起圣洁的阿尔卑斯山——欧洲河流、文化的发源地。白色带有一种空灵的意味，若是遇上代尔夫特蓝的纯净与深邃，好比画作中点睛之笔，增添无限的神韵与风采。钢灰色的地毯形成视觉焦点，在深色拼接地板中跳跃而出，纯黑色的沙发巾和现代气息浓郁的雕塑装饰对应，让空间气质有着深度、厚度的积累，而在细节完善中取自然色系为主，以鹧鸪色作为家具框架用色。

梦中的婚礼

Marriage D'amour

婚礼是人生中最幸福的时刻，对于婚礼的渴望让人日思夜想，它浪漫至极，甜蜜无限。那一刻，和煦的阳光洒满大地，空气中充满着鲜花的芬芳。墙壁被时间悄悄打上光影，缥缈、如梦如幻。窗帘的裙摆微动，拂卷起的是浪漫印记。

解析_在阳光充足的环境中，无论是墙壁还是天花板，甚至窗帘和沙发椅都被亮白色的温柔笼罩了。海蓝色与柔和蓝相互搭配，运用在古典沙发、座椅、靠枕，以及墩椅的表面。浅雅的色泽交相辉映，更丰富了色彩层次。冰川灰现代造型的茶几带来一丝坚硬质感，与蜂蜜色的金属相框装饰和吊灯一起，为居室增添无限的优雅气质与美感。

亮白色
WT 1-01

海蓝色
BU 3-12

柔和蓝
BU 3-13

冰川灰
GY 3-05

蜂蜜色
YL 1-03

James and Katie's
Wedding

理想城

City of Ideal

看似单调的白色，总是可以与时间和记忆联系。在亮白色的背景中，可以感受时钟嘀嗒的转动，让思绪穿越古今。一座座历经风雨的城池，在阳光下矗立，亮白色的是城墙，冰川灰色是它饱经风霜后的沧桑。远观巍峨壮观，走近触碰满手的粗糙。厚重的基石，发出沉闷的声响，惊起一树的鸟雀。

解析_通体的亮白色模糊了空间三维的界定，像一张白纸，可以自由挥洒心情。用素描般讲究肌理的方式画出沙发、地毯、镜面和混有冰川灰的木饰面。似乎过于冷静，来点热闹的赭黄色，不错，和木作的温暖相得益彰。再加点生命力进去，郁郁葱葱的盆栽，树梢绿色的树叶图案活泼极了。最后还需要一点时髦的态度——酷酷的纯黑色。完美!

亮白色
WT 1-01

冰川灰
GY 3-05

树梢绿
GN 3-01

赭黄色
YL 1-07

纯黑色
GY 1-01

VATICAN

栗色
BN 1-03

蜂蜜色
YL 1-03

银桦色
GY 2-05

雾起白桦林

The Fog of Birch Forest

冬日的白桦林，演绎秋冬的磅礴景象，诗意缠绕，浓雾弥漫，更在黎明、傍晚时分，凝聚光晕的朦胧美感。亮白色与银桦色的相互渲染，从冰冷的气质中透出坚韧之感，栗色、蜂蜜色的适当点缀，则从寒冷中发现生机勃发的气息。

解析_亮白色做大面积渲染，层层围绕，仿佛薄雾弥漫，晚霞色的三人沙发和窄凳，在同样色彩的地毯衬托下，宛若冬日的阳光，和煦而温暖。浓郁的棕色系可以带来可靠的安心感受，所以栗色的手扶单椅成为装点空间的唯一深色，而蜂蜜色则运用在玻璃茶几的支架和镜面边框装饰之上，既精致细腻，又高贵奢华。银桦色的大幅装饰画成为调剂空间的重要手段，并夹杂着一丝冷冽气质，既迎合主题表现，又能起到画龙点睛的作用。

白石城迷雾

Mist of White Rock

漫步于白石城海滩，4500米长堤呈弧形环抱大海，岸边灯柱上，不时落下白色的海鸥，如雕塑般久久伫立。白石城是阳光的圣地，一年中有2000小时的阳光，喜欢日光浴的人们纷纷涌向这里。此刻的白石城，迷雾还未散去，升腾的雾气中隐约看到金色阳光，如同划破天穹的利箭穿通雾气，光芒四射。

解析_以亮白色作为家居墙面的背景色，通过墙面的硬装设计，使亮白色墙壁更富于立体动感。地面上是沙色地毯，视觉上有温馨淡雅的感觉，而体感上柔软温暖，十分舒适。客厅家具选择了银色的单人沙发，与斑纹灰的双人沙发组成了两个谈话组，有效地划分空间区域。空间焦点驻足在赭黄色的茶几和边柜上，醒目而尊贵的颜色，提升了客厅的品位格调。

亮白色
WT 1-01

沙色
BN 4-07

赭黄色
YL 1-07

银色
GY 1-08

斑纹灰
GY 2-01

柔和蓝
BU 3-13

古巴砂色
BN 4-05

树梢绿
GN 3-01

墨玉色
GY 1-02

静止的老时光

The Quiet Old Times

解析_选择一款经典耐看的柔和蓝壁纸能为家居空间添色不少，蓝白搭配的几何图案将会是不错的选择，现代而简洁。靠窗摆放的沙发和单椅可以选择亮白色，搭配同色的边桌。在古巴砂色地板和墨玉色茶几的衬托下，格外素雅宁静，尤其是在午后的阳光里，让整个空间呈现出恬静、安稳之感。同时点缀树梢绿的插花，让空间层次更加丰富。

遗失的贵族

The Decline of the Noble

红蓝白，一组源于宫廷贵族的配色，伴随着帝国时代的衰落，销声匿迹。然而它的高贵与优雅，总让人午夜梦回。如今，在现代家居中，又依稀可见它的神韵，通过精巧的配色，让古典之花在现代尘世中，优雅绽放。

解析_古典雅韵与现代时尚元素的结合，让混搭更加精彩。抽象柔和蓝花卉挂画成为视觉中心，与之对应的亮白色现代简约沙发和屏风，使空间更为素雅和宽阔明亮。为了丰富空间色彩，某一面墙壁以及地板使用了太妃糖色，而茶几和部分家具使用同一棕色系下的玳瑁色。在亮白色地毯上再铺放一小块非洲风情的地毯，会使空间更为立体，上面摆放几把复古的单椅。作为点缀，海港蓝和火红色的靠包，则让空间色彩更加丰富。

亮白色
WT 1-01

柔和蓝
BU 3-13

海港蓝
BU 2-09

火红色
RD 1-07

玳瑁色
BN 2-04

Richard Rogers
FONTANA

草莓冰
PK 1-06

草绿色
GN 1-06

银桦色
GY 2-05

雪松绿
GN 3-02

亮白色
WT 1-01

甜蜜精灵

Sweet Fairy

清凉的夜风在树影中轻舞，寂静的角落里鸣蝉在歌唱，昏黄的灯光在树叶的映衬下摇曳不定。仰望夜空，夜色与微风互相编织着一段美好的梦境，精灵的轻声细语，如美妙的摇篮曲。

解析_方案的一大亮点是尝试着在床头板后添加一块屏风，屏风的图案选择与个人喜好有关，但是要与空间色调融合，同时在窗帘和沙发包布上建议延续相同图案，这会增强实际效果。色彩的联想让整套方案有着更为丰富的意义，无论是草莓花藤图案的粉绿相间，还是粉嫩格子的协调辅助，呈现在单人沙发和窗帘之上，以及装饰屏风与桌布表面，皆给人清纯甜美的感觉。另外，雪松绿的台灯和一系列花草装饰画的点缀，让细节更加完美。

生命之树

Tree of Life

解析_让生命之树成为家居设计的中心。在亮白色的背景下，卧室从床幔、床品到窗帘甚至沙发椅和脚凳都使用了相同的探戈红色生命树图案。让它成为这个房间的标记而无处不在，因为图案是如此美丽。地毯可以使用黄水仙色，搭配墨玉色的屏风，上面有金色的生命树的图案。在卧室中点缀一两件灰蓝色的东方图案墩椅，不但不违和，相反繁花似锦，古色古香。

探戈红
RD 1-02

墨玉色
GY 1-02

灰蓝色
BU 4-03

黄水仙色
YL 1-04

亮白色
WT 1-01

香草天空

Vanilla Sky

香草天空，像莫奈画中的颜色，混合了白、蓝、紫、绿，营造绚烂的效果。香草天空下，人们用年少的记忆编织梦境。梦里的天空永远都是清雅的香草颜色，温暖宁静，仿佛母亲的眼神；梦里的爱人，比想象中的还要完美，她轻易就可以拯救自己堕落的灵魂；梦里的场景，都是自己熟悉的事物，是自己生命中的经典，也是当时时代的烙印。

解析_亮白色是用于装饰搭配的常见色彩，为了让空间的气质得到提升，显得时尚新颖，选择对比鲜明、明度系数较高而色调淡雅的协调色彩是关键，如浅兰花紫色和婴儿蓝。浅兰花紫色以位于视觉中心的平拉式窗帘呈现，加上白色暗纹，给人温婉雅致的感觉。婴儿蓝则作为椅背和椅面用色，并结合亮白色的木质轮廓，古典而清新。墙面装饰以芹菜色为主的中国风花鸟壁纸为特色，将一派生机带进家中。安道尔棕色与金色则作为细节修饰，在餐桌和灯具的使用上，十分明显。

浅兰花紫色
PL 1-06

婴儿蓝
BU 4-07

芹菜色
GN 3-06

亮白色
WT 1-01

安道尔棕
BN 2-01

灰色系

Gray color collection

百搭特性与艺术气质

灰色是沉稳考究的态度，也是高雅柔和的意向。它曾经赋予古典雕塑深沉的艺术基调，也代表了现代艺术的变幻莫测。它既可以搭配冷色调的蓝色、绿色，带来似水年华般的意境，也可以与鲜艳色调相映成趣，集古典气质和当代艺术于一室。灰色是永远的流行色，不论遥远的实木家具、古老印花还是现代材质、几何纹样，它都可以结合得天衣无缝。

小夜曲 Serenade

夜凉如水，无法入睡的人，用爱情的歌曲寻找安慰。小夜曲的旋律悠扬动人，仿佛回到十七、十八世纪的欧洲小镇，[illegible]

解析_入目即是冰川灰的诗意，呈现在天花板、墙壁与地毯之上，宛若月华拂照的身影，点点星眸。深牛仔蓝色的窗帘、床幔、床品营造出午夜月光般恬静如水、抒情唯美的画面，再搭配一个同样色彩的休闲沙发，充满诗情画意。香薰色的木作与鹧鸪鸟棕的床头柜遥相对应，深浅不一的轻重对比，恰到好处。墨玉色的点缀，则反映在铁艺床脚支撑处，以及实木门窗的用色上。

冰川灰
GY 3-05

深牛仔蓝
BU 4-01

香熏色
BN 3-06

鹧鸪色
BN 1-04

墨玉色
GY 1-02

苏州河

Suzhou River

上海的苏州河蜿蜒曲折，默默流淌的河水目睹了这个城市的沧桑变迁，也埋藏了许多传奇故事。伴随着苏州河成长起来的人，眼中的河水是灰色的，是两岸石库门的冰冷倒影，也是梅雨季灰暗的天空。潮湿的苏州河，浸润了小家碧玉的少女，在河边做着蓝紫色的梦。苏州河是冰冷的，是苍白的，多少风流埋葬于夜晚的渔声；苏州河又是暧昧的、风情的，多少青春记忆化作流水，让这河水川流不息。

解析_充满艺术范儿的冰川灰，作为墙面的装饰色彩，使空间整体上更偏艺术和雅致。用鹅卵石砌成的背景墙直达屋顶，这是空间中最为闪耀的布局，粉刷成白色，与背景色相得益彰。绿洲色作为空间的点缀色，既可以是窗前高耸的绿植，也可以是茶几前的单椅，还可以是挂在背景墙上的艺术挂画，在白色的背景衬托下，更醒目，更发散。地面用纳瓦霍黄地毯覆盖，纯手工的编织工艺，既有完美的触感，视觉上也更显艺术。客厅的沙发茶几选用亮白色和冰川灰，纯净简洁，上面点缀明亮醒目的绿洲色和蓝紫色靠包。

亮白色
WT 1-01

绿洲色
GN 3-05

冰川灰
GY 3-05

蓝紫色
PL 2-04

IVAN NAVARRO

雨灰色
GY 3-03

菠菜绿
GN 3-04

亮白色
WT 1-01

冰川灰
GY 3-05

纯黑色
GY 1-01

格林威治村的腔调

The Charm of Greenwich Village

解析_为了增强冰川灰墙壁的现代感，采用雨灰色L型沙发；而亮白色桌几与书架的设置，除了为空间增添了一抹“我尚年少，你未老”的浪漫诗意之外，更令空间多了一层亮色。菠菜绿的挂画、靠包及绿植的点缀，又可将一股宁静的清新之风带入室内。纯黑色条纹地毯混搭黑白图案靠包，具有多变的趣味感，适宜各种情感的表达。

银装素裹

Elegant Snow

这是一套极其素雅的配色方案，突破了古典与现代的边界，用灰冷的色调搭配出银装素裹的高雅格调，灰白印花的壁纸，打破了空间色彩的单调，使其充满变化和生机，仿佛冰雪覆盖下的花草，默默生长蔓延，缓慢而富有张力。

解析_冰川灰作为空间背景的主要色彩，有其冷傲与素洁的性格特征，当它与手绘风格的花鸟壁画或者是亮白色点缀的繁复花纹壁纸结合，便多了一层风趣与雅致。除此之外，再搭配纳瓦霍黄色窗纱布艺和亮白色家具，便如大自然的鬼斧神工，令整个空间呈现出一种素雅的氛围，宛如银装素裹。

纳瓦霍黄色
YL 3-08

亮白色
WT 1-01

太妃糖色
BN 3-04

菠菜绿
GN 3-04

冰川灰
GY 3-05

晨露

Tears of Eos

濯濯晨露香，明珠何联联。我们喜欢万物苏醒那一刻的寂静和安然。晶莹剔透的晨露，昙花一现，每当旭日东升，它便融入那缥缈的空气里，融入那一阵阵轻风中。这套配色方案，期望将这份美好，永远地驻留在家中，成为永恒。

解析_晨露荷香，那是最具诗意的婉约意象。而这些晶莹水润、清香扑鼻的自然符号将融入家居生活之中。无论是勿忘我蓝的沙发座椅，还是松石色的窗帘设计，结合冰川灰的墙壁，以及墨玉色的家具描摹勾勒，即是展现在眼前的一幅秀雅画卷。

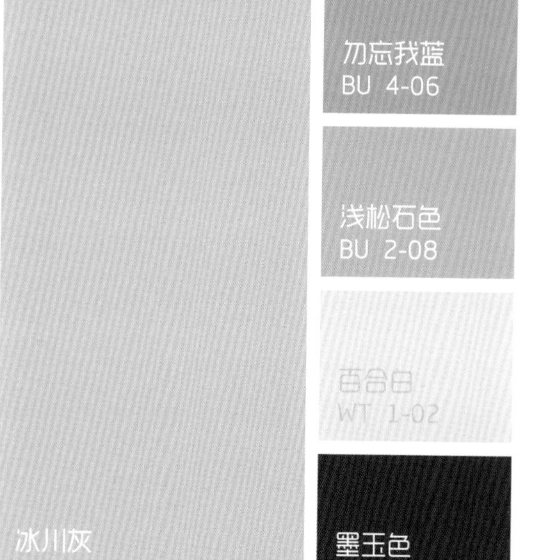

云岭深处

Deep Valley

解析_墙壁上隐约浮现的光，是烟灰色笼罩之下透过的日光。打造兼备禅意和清新的生活意境，离不开灰的大肆渲染，和wishbone chair的质感美。墙壁以烟灰色打造，只需少量木质家具摆设便能获得此般禅意之感。

PROTECT
TRANSFORMERS
Nothing in life
to be feared
it is only to be
understood

中世纪蓝
BU 1-02

月光色
BN 4-04

银桦色
GY 2-05

烟灰色
GY 2-03

亮白色
WT 1-01

城里的月光

Moonlight in the City

解析_这套配色方案带来的是沉静优雅的感觉。灰色交织的蓝色梦境，将梦想照进现实。卧室空间里，墙壁上使用烟灰色，带来朦胧意境。中世纪蓝色的床头板和搭配亮白色床品，有着十足的吸引力。在卧室地板上摆放毛茸茸的亮白色地毯，能够让空间感觉更加舒适和温暖。卧室还可以以银桦色作为墙面色彩，搭配月光色床头板和烟灰色窗帘，同样可以带来沉静优雅的感觉。

黄金海岸 Gold Coast

解析_想要餐厅更加优雅艺术，可以用一组画作以及英伦家具，在公寓中打造出浓浓的现代英伦风。墙壁漆成烟灰色，巨幅的金棕色挂画，会在烟灰色背景下显得极为出挑。地面色彩要淡而明亮，可以选用冰川灰的地毯。选用金棕色的现代餐桌，搭配亚当式的金棕色餐椅。落地窗帘使用奶油糖果色，前面可以点缀一把白色的赫巴怀特单椅，非常素雅。使用蜂蜜色作为点缀会带来很好的古典气息，另外餐桌上方一定要选择优雅的水晶吊灯，烘托气氛。

乌衣巷

Wu Yi Xiang

历史上的乌衣巷鼎盛繁华，曾是东晋豪门望族的高档住宅区，精英人物的集散地，然而风流总被风吹雨打去。如今的朱雀桥边，乌衣巷口，只剩下清冷的烟灰色墙壁，黛瓦，掩映在斜阳草树中。这样的场景配色，清俊淡雅，依稀可以感觉到魏晋风度的自然脱俗和特立独行的桀骜气质。

解析_非常简约的卧室设计，大胆使用黑白灰，几乎看不到太多硬装痕迹。墙体全部采用烟灰色，亮白色挂画反倒成为了墙面很好的装饰，灰白搭配简约素雅。地面上大面积使用沙色的地毯装饰，柔和温馨，体感舒适。这样的空间不宜摆放过多家具和饰品，在有限的装饰中，家具、床品采用魅影黑。而点缀色选用菠菜绿，几盆绿植既能点亮空间，也能为空间注入自然活力。

沙色
BN 4-07
青白色
WT 1-01
魅影黑
GY 1-03
烟灰色
GY 2-03
菠菜绿
GN 3-04

冬雨

The Melody of Winter Rain

一场冬雨，在晨曦未现时降落，银色的雨线拍打着窗子，模糊了视野，冬雨奏响的乐章穿窗入帘，在耳边荡起悠悠的旋律，不疾不徐，涓涓如丝。它轻盈的身影，很像雪花飞舞时的曼妙，却又比雪花嚣张，雪落无音，而冬雨在滴滴答答的音符中荡涤铅华。

解析_这套配色方案用色不多，力求节制和简约，整体给人以宁静、空旷的感觉。卧室在硬装上非常简单，没有太多雕琢。卧室空间布局非常对称，背景以岩石灰和亮白色为主，墙面采用了岩石灰色，非常优雅，搭配栗色窗帘，使空间充满男性气质。主体家具——床以及下面铺设的地毯使用银色，高贵素雅。蜂蜜色对于增加空间的温暖色调作用明显，而且充满王者气息，所以挂画、镜子这样的装饰品可以采用蜂蜜色，而床头柜也可以使用这种颜色的金属包边。

岩石灰
GY 3-01

银色
GY 1-08

亮白色
WT 1-01

蜂蜜色
YL 1-03

天空灰
GY 3-04

透明黄色
YL 3-07

黄水仙色
YL 1-04

岩石灰
GY 3-01

祖母绿
GN 1-03

纯真年代
The Age of Innocence

纯真年代是每个人记忆中保留的一份美好，是成长路上那段懵懂的记忆，那个年代里不求索取，也不在意付出。那是一段任性的时光，固执到流泪，也是极易被说服的时光，因为对任何人都抱有善良的信任。这套配色方案灵感来自于这段美妙时光。

解析_当岩石灰与天空灰、透明黄色搭配，会给空间带来素雅、温馨、摩登的感觉。可以将墙面粉刷成淡薄的天空灰色，搭配同样色彩的地毯。在墙面装饰上采用透明黄色，增加房间的色彩变化。而岩石灰的窗帘和沙发作为强调色。出色的现代家具以及饰品，可以轻易为空间带来摩登的视觉感，亮白色、祖母绿、黄水仙色可以作为装饰点缀出现在客厅里，既可以使空间更富于层次感，同时醒目、迷人。

贝克街的游戏

Games in Baker Street

性情冷漠、孤僻而又才华横溢的福尔摩斯，喜欢穿着宽松睡衣和拖鞋，在位于贝克街的家里练射击。烟叶常放在波斯拖鞋里，而来信用一把小折刀插在木制壁炉的正中央，他喜欢用子弹装饰座椅对面的墙壁。他的家居空间，有时严谨的如同逻辑推理，有时又散乱的如同他的桀骜不驯。

解析_带有神秘气息的英伦风情，让人记住了关于色彩的联想。以灰色作为重头戏强势出击，结合百灵鸟棕色与苏格兰格子，并取艳丽夺目的红色作为抢眼亮色，让若有似无的暧昧情绪回荡空间。银色、金色等金属茶几和装饰品，则完美提升层次质感。

藕花争渡

The Ferry in Lotus Pond

解析_整套配色方案的色调清雅浅淡，温润别致，流露出对东方文化古典意蕴的追求和真诚赞美。银桦灰是空间的主色，作为墙壁底色和餐椅的用色，还体现在地毯的使用上。它带领我们走进梦幻般的世界，营造出一种更具诗意气质的东方意境，配合墙壁上红绿相间的手绘图案，以及吊灯带来的金属光泽，加上光影的折叠，美不胜收。

银桦色
GY 2-05

玳瑁色
BN 2-04

蜂蜜色
YL 1-03

极光红
RD 1-04

菠菜绿
GN 3-04

女王的水晶宫

The Crystal Palace

解析_如果你的客厅够宽敞，挑高足够的话，那么这个配色方案，将会带给你一个气势恢宏的效果。你的客厅如果具有高大的落地窗，那么墨玉色框架是最好选择。银桦色的栅格状天花板充满古典情趣，搭配同色的窗帘，既阳光透亮又气势宏大。地板用亮白色，上面覆盖舒适蓬松的同色地毯。谈话组中的家具采用混搭的方式，多人沙发采用银桦色现代造型，旁边摆放现代感觉的同色落地灯。单人沙发以及单椅，采用古典造型或者改良后的造型，银桦色、亮白色都可以。茶儿采用亮白色或银桦色，选古典造型，保持风格一致。

水边的阿狄丽娜

Ballade Pour Adeline

解析_银桦色作为客厅背景色，可以为你装扮一个没有纷扰、安静的世界。墙面的壁纸装饰、沙发包布全部采用银桦色。地面铺设黄昏蓝地毯，地毯的图案可以选择几何纹样，色彩以黄昏蓝为主搭配与银桦色相似的色彩。与地毯呼应，窗帘可以选择同样色彩或浅松石色。作为点缀，挪威蓝的靠包置于银桦色沙发上，清凉醒目。现代的落地灯，灯罩选用挪威蓝，带来极美的蓝色韵律。浅松石色的挂画可以对墙面做进一步装饰，透过清晨的阳光，带来美轮美奂的光晕感。空间的冷色调则通过黄奶油色的鲜花装饰等进行调节，饱满的色泽，富含生机与活力。

黄昏蓝
BU 4-04

浅松石色
BU 2-08

挪威蓝
BU 3-08

银桦色
GY 2-05

黄奶油色
YL 2-08

卡拉法特的声音

Voice of Calafat

阿根廷南部的卡拉法特冰川覆盖，冰川正面笔直如削，顶部有无数裂隙，经过阳光的透射、折射，呈现出缤纷的颜色。有时还可以看到冰川崩裂的奇观，每一次的崩裂，伴随而来的都是低沉的隆隆声，和冰块掉进湖里的巨大撞击声。

解析_这套配色方案，高冷的背景下带有浓厚的现代时尚气息。在亮白色的背景下，向阳的一面墙使用柔和蓝的壁纸装饰，柔和蓝为底色，蜂蜜色做印花图案的肌理壁纸，有效地提升质感。现代艺术造型的单椅、茶几、边几都采用了高贵的银色，搭配亮白色多人沙发，在栗色地板的衬托下，显得高雅别致。Art Deco风格的装饰镜面以及靠包、灯罩在用色上使用了极富金属感的蜂蜜色。

WT 1-01

蜂蜜色
YL 1-03

银色
GY 1-08

栗色
BN 1-03

亮白色
WT 1-01

深青色
GN 2-01

白鲸灰
GY 1-04

暴风雨灰
GY 1-05

罗丹之吻

Kiss of Paolo and Francesca

罗丹的《吻》表达出毫无喧嚣的色彩，用低调的色彩讲述永恒的爱情故事，这份宁静却让人刻骨铭心。两个不顾一切世俗诽谤的情侣，在幽会中热烈接吻的瞬间，忘却了时间空间的局限，只有心意相通的绵绵爱意。

解析_由灰色打造的现代空间充满时代气息，极富男性化魅力。墙壁选取亮白色用于调节室内光线，与深青色的沙发、装饰挂画形成鲜明对比。加上白鲸灰与暴风雨灰不同程度的点缀，以达到丰富空间色彩层次的作用。在这套配色方案里，宽大的落地窗能够带来充足的光线，并迎合自然的环境，更有着宁静的意味。

权杖与玫瑰

Scepter and Rose

至高无上的权力与忠贞不渝的爱情，有时并不会那么完美，浪漫与现实的矛盾，如同冰与火的纠缠，让人难做抉择。是选择象征冷酷高贵的高级灰，还是浪漫优雅的紫色系，在家居中，鱼和熊掌是可以兼得的。

解析_这套充满素雅、高贵气息的配色方案，融合了浪漫与知性，更带来轻盈、梦幻般的视觉效果。柔和的蒸汽灰、淡雅舒缓的冰川灰以及沉稳的墨玉色使空间色彩层次鲜明。墙面漆用蒸汽灰，床头板和地毯则采用冰川灰过渡衔接。冰川灰的单人沙发搭配薰衣草色靠包与床头板后的薰衣草色屏风呼应。薰衣草色窗帘有着柔滑的丝绒质感，在蒸汽灰的衬托下格外浪漫，而深蓝色床品则能提升空间格调，也让氛围更为活跃。墨玉色作为点缀，用于床上的靠包，可以平衡室内的明亮度。

冰川灰
GY 3-05

薰衣草色
PL 2-05

深蓝色
BU 1-04

墨玉色
GY 1-02

千里烟波

Miles Falls

这是一款尽显温润的古典配色，从诗意缭绕的中国山水画中汲取灵感，与实际的西方古典风格融会贯通。婉约别致、含情脉脉的笔触，将天水相接的秀丽景象描绘完全：扁舟一叶，水汽氤氲迷离，几丝雨点，化作水墨铺成展开的长卷。

解析_在这套配色方案中，浅雅温润的色彩充满整个空间。略带烟水气息的蒸汽灰作为墙面装饰色彩，亮白色的天花板用石膏线做简洁勾勒。古典风格的餐椅表面采用色调略深的天空灰，宁静素雅。而墨玉色被用作古典餐桌的色彩，墙壁上点缀的铁艺烛台也用墨玉色。餐具可以选择多种风格的混搭，但是色彩最好一致。悬挂在餐桌上方的吊灯，最好选用奢华的蜂蜜色艺术造型，能够牵动人们的情绪变化。边桌、边柜这些靠墙摆放的家具可以选择栗色，少许的陈旧色彩，带着传统意味。

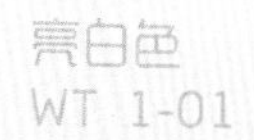

亮白色
WT 1-01

天空灰
GY 3-04

栗色
BN 1-03

墨玉色
GY 1-02

蒸汽灰
GY 2-06

风与木之诗

Rhythm of Wind and Wood

黎明前的大地，露珠还酝酿在嫩叶上，微微润湿的空气里，风中带来些新鲜的泥土的气息，混着青草味儿，还有各种花的香。渐渐地，一切都变得明亮起来，蝴蝶飞舞，蝉鸣隐于阴影，夏季带着燥热但却舒爽的风，轻轻地吹过树梢，带来一阵婆娑与低吟，那是风与木的音乐，风与木的私语，风与木之诗。

解析_餐厅中，巧妙使用黑白灰，可以达到简洁、时尚、现代的效果。曙光银作为餐厅墙体的铺色，低调不失优雅。墙壁中间的壁炉，采用亮白色边线，内部使用魅影黑，这样黑白灰的搭配非常简练和谐，窗帘以及帘头也采用黑白灰的搭配。天花板用亮白色，壁炉上方挂画画框选用魅影黑。在家具上，包布餐椅和餐桌采用了魅影黑，餐桌支架部分使用金属色系蜂蜜色用作镀金装饰，显得华丽大气。一些摆件可以选择魅影黑或者亮白色的陶瓷制品。另外，绿植也是很好调剂空间氛围的装饰手段，在营造活泼效果的同时能够获得轻松愉悦的感受。

魅影黑
GY 1-03

亮白色
WT 1-01

蜂蜜色
YL 1-03

曙光银
GY 2-04

柠檬绿
GN 1-07

亮白色
WT 1-01

罗甘莓色
PL 2-01

貂皮色
BN 2-02

曙光银
GY 2-04

蜂蜜色
YL 1-03

影子变奏曲

The Partita of Shadow

金色的阳光透过枝桠的缝隙投射在清澈的水面上，点点光晕娇俏而又迷人。和煦的风，轻轻地掠过波光粼粼的湖面，带着一丝凉意，迎面拂来。流水潺潺，树叶沙沙，配合着那清脆的鸟鸣，虚实交映中，一首变奏曲就此展开。

解析_你可以大胆地在客厅中运用色彩。将墙面漆成曙光银色，作为方案的背景色。将罗甘莓色引入方案中，在客厅的谈话组中，加入三种不同风格、色彩的沙发：罗甘莓色长凳，醒目浪漫；白底碎花沙发，与窗帘地毯呼应，突出温馨的生活气息；曙光银色沙发与背景色呼应，素雅舒适。貂皮色的茶几厚重沉稳。客厅点缀亮色，如蜂蜜色饰品，以及罗甘莓色挂画。

现代曙光

The Dawn of Modern Style

道不尽的灰色情结，成为连接历史文化的纽带。无论是谱写欧洲古典罗曼史，还是描绘现代艺术的时代气息，它都能完美诠释。这是一套简约而不失优雅的配色，由众多现代风格的装饰元素组成，极具张力。金属系的冰冷质感夹杂灰色调的沉静，能够安抚人们的情绪。

解析_艺术与色彩的结合，让一切变得赋有探究性。曙光银灰色地毯在亮白色背景的衬托下，显得更加舒适。在地毯上摆放宽敞的现代单人沙发和弗拉基米尔·卡根式的钢灰色椅子，可以产生浓厚的现代艺术气息。多人沙发采用现代苦巧克力色天鹅绒装饰，含羞草花黄靠包进行点缀，最后搭配一个1970年代的鸡尾酒桌，整体混搭得天衣无缝。墙壁上装饰亚历克斯·卡茨的装饰画，从而打造出一个极具个人特色、张弛有度的现代空间。

亮白色
WT 1-01

钢灰色
GY 1-06

曙光银
GY 2-04

暴风雨后的光芒

The Light of the Storm

暴风雨来临前，乌云翻滚，天空灰暗。而暴风雨过后，宁静的天空中发出一道蓝色光芒，这种色彩仿佛一位有内涵有智慧的成熟女子，独立优雅，品味精致，充满永恒的知性魅力，让人深陷其中。

解析_暴风雨灰墙面的深度雅致代表着一种精致的生活品位。百灵鸟色木地板色彩自然，搭配冬日白图案沙发与窗帘，呈现出简约大气的优雅品质。然而，醒目的蜂蜜色坐椅、茶几与坐凳，以及鲜艳的探戈红抽象图案地毯，为整个客厅增色添彩，既不显灰色空间冷静生硬，又不会过于眼花缭乱。

百灵鸟色
BN 3-05

冬日白
WT 1-03

蜂蜜色
YL 1-03

暴风雨灰
GY 1-05

探戈红
RD 1-02

食梦貘之旅

The Journey of Dream Tapir

传说中，食梦貘是一种奇幻生物，它们以梦为食，吞噬梦境。在每一个洒满朦胧月色的夜晚，它从幽深的森林里启程，来到人们居住的地方，吸食人们的梦。因为它生性胆怯，在夜色中只会发出轻轻的像是摇篮曲一样的叫声。于是人们在这样的声音相伴下深沉入睡，它便把人们的梦慢慢地、一个接着一个地收入囊中。

解析_黑白灰无颜色系作为空间的主要色彩，可以带来简约、时尚的感觉。以亮白色为背景色，空间中辅以纯黑色的木梁装饰，床头板以及边柜也可以采用纯黑色。地板使用温暖的黄水仙色，上面覆盖魅影黑地毯，时尚而庄重。床品以及床尾凳使用男性特点鲜明的中世纪蓝。为了让空间多一些活跃感和鲜亮，可以加入饰品的点缀色，例如花瓶、台灯、雕塑等。

中世纪蓝
BU 1-02

亮白色
WT 1-01

纯黑色
GY 1-01

火红色
RD 1-07

庞贝红
RD 1-03

金色
YL 1-02

亮白色
WT 1-01

纯黑色
GY 1-01

庞贝末日 Pompeii

解析_白鲸灰是餐厅的背景色，用于打造沉稳的气质型空间。在视线焦点处添置一幅巨大的现代画作能良好地提升视觉表现力，画面的颜色不必繁杂，红黄两色加上留白空间即可。这样的搭配充满张力，爆发力十足，并与餐椅的坐垫协调一致，相互呼应。为了不让空间过于压抑，餐桌与地板的颜色选用普通的亮白做调节。纯黑色则用于吊灯和餐椅之上，以刻画细节，生动立体。

绿色系

Green color collection

回归自然 不忘初心

绿色是还原自然本色的语言，更是展现自由新生、激发活力因子的灵感源泉。充满治愈效果的绿色，将人的思虑带到更为广阔的自然世界：藤萝缠绕，花团锦簇，鸟鸣山幽，层林尽染。本章中的配色方案，带你回归自然，畅快呼吸，享受诗意栖居的悠然快乐。

亮白色
WT 1-01

赭黄色
YL 1-07

庞贝红
RD 1-03

杜松子绿
GN 4-03

鸟蛋绿
GN 2-08

花溪
Spring Stream

“华庭水暖知春意，坐观春影映花溪”，一冬的压抑早已流逝，柳条浮动，春意盎然，阳光和煦地照在溪面上，闪烁晶莹，带着百花曼妙的倩影一起流进心里。两岸层峦叠嶂，溪底赭黄色砥石清晰可见。花溪悠悠然流淌，仿佛可以听见竹林的私语，听见鸟儿啁啾，湿湿润润扑面而来，天地都静谧了。

解析_这套配色方案用于浴室可以营造优雅浪漫的盥洗空间。一般浴室都会选择亮白色进行装饰，在这里除了吊顶、地面和盥洗池选用亮白色之外，在墙面可以采用清新的鸟蛋绿，加入栩栩如生的花鸟图案，空间立刻优雅别致起来。墙壁上搭配赭黄色的装饰镜，镜子最好选用新艺术时期的艺术风格，用忍冬叶做装饰。点缀色推荐使用庞贝红或者杜松子绿，可以是花瓶、花束、毛巾这样的小物件，起到画龙点睛的作用。

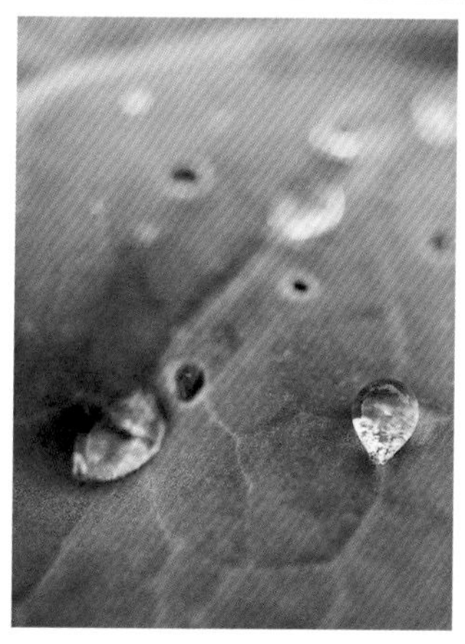

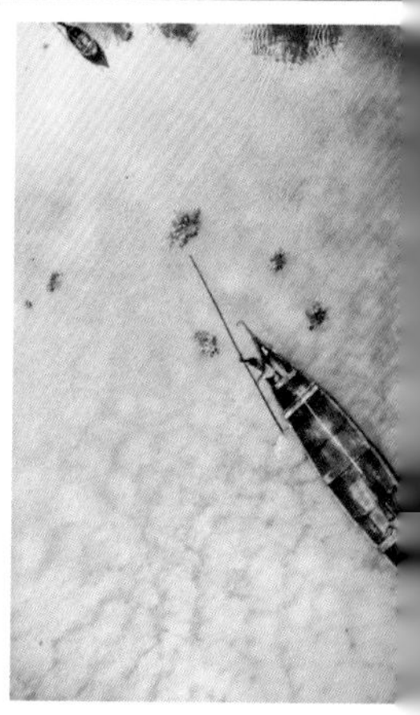

JSF

米褐色
BN 3-08

苦巧克力色
BN 1-02

经典蓝
BU 3-02

鸟蛋绿
GN 2-08

黄水仙色
YL 1-04

云之南

Beyond the Clouds

悠远的蓝天上，漂浮着淡淡云彩。高原上野花缤纷绽放，鸟雀盘旋飞舞。在山野、峡谷都能嗅到野花儿的芬芳，幽幽地沁人心脾。这里听不到城市的喧哗，只一幅安静、清新的景象。鸟儿的叫声，是大自然赋予的美妙音符，涓涓溪流，倒映的是秋千般，飘飘荡荡的云彩。

解析_鸟蛋绿和亮白色是最佳搭配，在亮白色的背景下，餐厅墙壁使用鸟蛋绿，壁纸图案可以是古典的花鸟画，用亮白色提亮。窗帘选用亮白色，使空间明亮通透。座椅的包布、地毯全部用米褐色，明亮温馨，便于营造舒适的用餐环境。餐桌以及靠墙的边桌使用厚重的苦巧克力色。餐厅中的点缀，可以摆放一些明亮的经典蓝青花瓷器和黄水仙色的灯具。

草原季风

Grasslands Monsoon

温暖的季风刮过辽阔的蒙古草原，带来了南方温暖的雨水。被雨水滋润过的草原满眼绿色，一直铺向远方。高低不平的草滩上，镶嵌着一洼洼清亮的湖水，倒映着七彩光芒。雄鹰展翅飞翔，百灵鸟在欢声歌唱。牛羊安闲地嚼着青草。一碧千里的草原深处传来歌唱：“蓝蓝的天上白云飘，白云下面马儿跑……”

解析_客厅使用芹菜绿墙纸，丝网的质感，触摸更为立体，反光不会太强。窗帘使用亮白色，空间光线感觉更通透。地毯使用更加沉稳的栗色，与之呼应，一些家居细节也采用栗色点缀，与背景色形成强烈反差，这样既显得雅致，又可以使室内光线更为柔和。客厅的谈话区域可以用一组动物纹的沙发，增添华丽感，上面点缀醒目的玫瑰红靠包。中国红的墩椅作为装饰，混搭出东方的雅致。

芹菜色
GN 3-06

栗色
BN 1-03

玫瑰红
RD 3-06

中国红
RD 1-05

魅影黑
GY 1-03

花园下午茶

Afternoon Tea in the Garden

很多人梦想在房子外面，拥有一座花园，面朝大海，春暖花开。这里可以听到蝉鸣蛙叫，闻到怡人芬芳。在这里邀三五好友，来一场轻松闲适的下午茶，偷得浮生半日闲。

解析_似黄又似绿的芹菜色，清新、充满阳光感，用于墙面装饰，搭配充足的阳光，会有一种春暖花开的喜悦感。在这种轻快的氛围中，选用冬日白的地毯、多人沙发和暗粉色带杜松子绿印花图案的单人沙发组合，茶几要深棕色系的巧克力棕来装点。沙发要选用现代的，而单椅可以使用古典造型，可以适当放一个芹菜色中式陶瓷墩椅，极具东方情趣。在芹菜色的墙壁上可以点缀景泰蓝的挂画，沉稳深邃，使墙面更为立体。

冬日白
WT 1-03

暗粉色
PK 2-01

杜松子绿
GN 4-03

芹菜色
GN 3-06

巧克力棕
BN 1-01

天空灰
GY 3-04

银色
GY 1-08

绿松石色
GN 2-05

绿光色
GN 3-09

墨玉色
GY 1-02

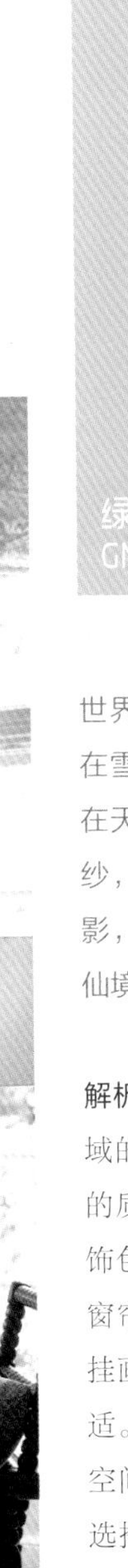

极地温室

Greenhouse in Polar World

置身于满目银白的旷野，感受极地世界的纯粹。天际是色彩斑斓的极光，在雪地上投射出璀璨的影子；有时又像在天穹中的水墨重彩。颜色时而全白如纱，时而又变成绿光色的丝带。来时无影，消逝时又全然无踪。这里并非冷酷仙境，而是隐藏着神奇的人间温室。

解析_这套配色方案解决了卧室中休闲区域的搭配问题。天空灰一直都有种水墨的质感，古朴大气，可以用来做墙面装饰色彩。主体色可以选用绿光色，用于窗帘，帘头设计成优雅的垂波幔；用于挂画，意境深远富于禅意的内容更为合适。地毯和多人沙发使用银色，视觉上空间更为开阔，更为素雅。点缀色可以选择通透的松石绿茶几、靠包，墨玉色的装饰画框和床柱，随意摆放的一把木质单椅，几件精致的小饰品，会也让空间层次感更丰富。

青柠

Lime Green

青柠碧绿，表皮光滑似橘，香味浅淡。上好的柠檬配天然矿泉水最好，味道在若有若无之间，回味悠长，人们经常将青柠水比作初恋味道，呛到流泪，却无怨无悔。

解析_柠檬绿是一种非常醒目大胆的亮色，具有振奋人心的力量。作为客厅墙面色彩，搭配阳光色的平开式窗帘。在晚霞色的地毯上，摆放亮白色沙发和单椅，点缀明亮的帝国黄靠包，茶几要用沉稳的鹧鸪色。如果客厅面积够大，那么可以在客厅中摆放蜂蜜色的现代茶几，再加入一组帝国黄单椅，这可以使整个空间具有视觉冲击力，很容易就能烘托出一个富有活力的阳光居室。注意客厅中的座椅，古典的和古典的搭配，现代的和现代的搭配，弯腿的与弯腿的在一起，而直腿的和直腿的在一起。

帝国黄
YL 2-04

柠檬绿
GN 1-07

银色
GY 1-08

冬日白
WT 1-03

百灵鸟色
BN 3-05

凯利绿
GN 1-04

挪威蓝
BU 3-08

荷叶上的甘露

Dew on the Lotus Leaves

静寂的荷塘里，翠绿的荷叶上，晶莹剔透的露珠仿佛月光下一颗闪烁的珍珠，渴望在大自然的怀抱里聆听细水长流，感受悠闲生活。

解析_凯利绿绝对是一款超凡色彩，作为厨房里墙纸上的主要用色，它与优雅的银色墙面瓷砖、台面和抽烟机相搭配，既可以弱化灰色调的硬朗气质，又为空间增添一抹动人绿意，营造出双重优雅的生活气息。此外，采用冬日白抽屉柜、百灵鸟色木地板以及挪威蓝墙面图案点缀，可为空间带来干净素雅的清新格调。

东方花园

Oriental Garden

充满异域情调的东方世界，道法自然的哲学人生，让缠缠绕绕的绿色植物诗意生长，有山水为背景，花鸟相伴，曲折回廊装点其中。一片绿意盎然的东方花园，却又吐露着浪漫的法国宫廷气息，绝对是让人向往的世外桃源。

解析_抹茶色的Chinoiserie法式中国风壁纸决定了整个客厅基调。铺上玳瑁色木地板，装上安道尔棕的木质拱形门，一切色彩都那么和谐与自然。亮白色天花板、枝叶图案的壁纸及玄关桌上的台灯灯罩，让客厅绽放出安静的美丽。白鲸灰点缀则用在楼梯栏杆、台灯柱以及玄关台面上。

仲夏夜之梦

A Midsummer Night's Dream

梦似真似假，梦光怪陆离，梦不可思议。仲夏夜之梦，一个关于绿色的幻想，有欲望、有思念，也有逃避。不过梦醒后，有情人终成眷属，好友重修旧好，一切变得欢天喜地。

解析_餐厅墙面采用帝家丽的抹茶色中国风墙纸作为装饰，浓浓的东方韵味。使用阳光色窗帘，温馨舒适。皮革棕色地板上铺设香薰色地毯，纯黑色的复古餐椅搭配皮革棕的餐桌和边柜，进一步烘托了中国风的情调。所有的餐椅坐垫都使用抹茶色，与背景色呼应。为了使房间显得明亮，墙上的装饰镜框则用黄水仙色。

阳光色
YL 3-04

鹧鸪色
BN 1-04

蜂蜜色
YL 1-03

中国红
RD 1-05

干草色
GY 4-04

守候宁静

Enjoy the Quiet

宁静是一幅水墨画，淡雅而隽永；宁静也是一首田园诗，清新而灵秀。守望宁静并非为了逃离现实，而是为了静下心来，收拾一片心绪，留住一分安宁。

解析_干草色是一种低饱和度的橄榄绿，成熟中性，宁静随和。当整个墙面书架和双人沙发都采用干草色时，这种干练率性的书房风格让男女都为之倾心。铺一袭阳光色和鹧鸪色混搭的几何纹地毯，摆一件蜂蜜色的金属镂空圆墩，再加上墙上的中国红挂画点缀，立马展现出自然独立的空间氛围和优雅知性的都市之家。

SKATELAND
LENNON
MUSICBOX
KEYNES
HAYEK
FENWAY

金棕色
BN 3-02

绿洲色
GN 3-05

灰褐色
BN 4-03

冰川灰
GY 3-05

草木荣枯

The Ups and Downs of Plants

草不谢荣于春风，木不怨落于秋天。万物兴衰都有规律，春去秋来，一荣一枯，带走一个轮回。人们看到衰草，常感到萧条与失落，而秋天的魅力也在于在衰败中孕育希望与梦想。

解析_回归自然的配色，极力地呈现出生命的伟大。雪松绿细腻雅致的单色印花，以壁纸的形式依附于墙壁之上，结合金棕色的装饰镜框和带有镀金细部的餐桌等，格外地华贵大气。在餐椅椅背的用色上，绿洲色绒布细节带来无限的滑柔触感，灰褐色交织在地毯与餐椅的木架轮廓之上。在靠窗处，可以摆放一把冰川灰的单人沙发，与墙边岩石灰色的大理石花架匹配，既可以带来通透、舒适的感觉，还可以让绿洲色的花卉更为醒目。

斑马森林

Zebra Forest

现实与梦境交错，有时会有奇迹发生。充满生机的绿色森林，让人兴奋也让人迷失，这里呼吸过于温暖，融化了一切可能，这里光线过于闪烁，看不清斑马的面容。那些消逝了的岁月仿佛隔着一块积着灰尘的玻璃，看得到，抓不着。

解析_这套书房配色方案色调温和，适用于相对较小的空间。以雪松绿为房间的基本色调，家具要与雪松绿墙壁、经典蓝茶几形成对比。使用亮白色沙发，搭配亮白色与纯黑色相间的罗马帘，会使空间显得流畅、明亮、通风。在白色沙发上点缀几个洛可可红色的印花靠包，醒目优美。

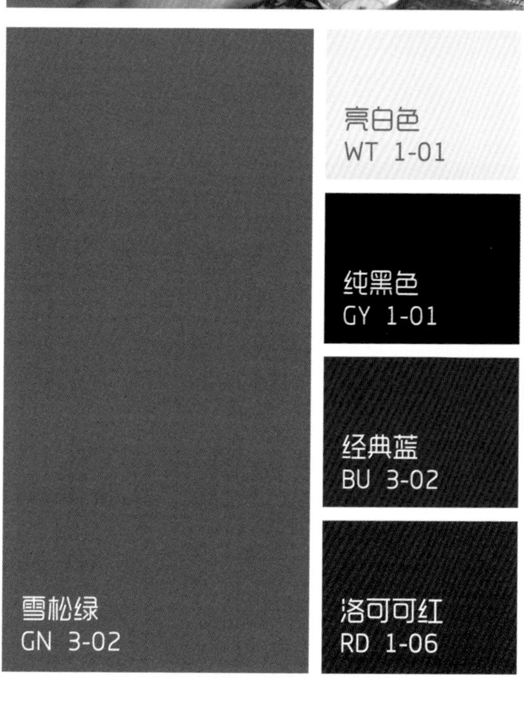

海上曼陀林

Mandolin on the Sea

曼陀林是一种小型弦乐，类似于吉他，音色纤细而细腻，听起来仿若忧郁中夹杂着甜蜜的颤栗。西西里蔚蓝的大海、壮观的海滩、古老的历史遗迹、影影绰绰的树影和那风尘仆仆的土地，仿佛在它的演绎下，都活灵活现地跃然于眼前。

解析_如何让空间总是春意浓浓，大胆使用绿洲色是一个不错的选择。不论是墙纸还是墙漆都可以选择绿洲色作为背景色。而金橄榄色的天花板和地面，让空间感觉紧凑而奢华。亮白色是必选的搭配色，可以用于床品、灯罩以及挂画等饰品。墙面挂画使用柔和蓝的背景色，从而带来温馨甜美的感觉。而墨玉色作为点缀色，厚重的色调可以有效地平衡空间色彩。

WINDOWS

花坞春晓

Spring Dawn of Flowery Orchard

花坞深邃安逸，仿佛世外桃源，周围是无边竹海，风过处萧萧作响。又如英国乡间田庄的安闲洁净，清秀飘逸。每年五月的花坞，醉人新绿，一眼看不到尽头，绿得令人心发软，而傍晚，乌鹊归巢，花坞的静，反因这几声的鸟鸣，而更显幽深。

解析_生机与活力的绿洲色，勾勒出一派早春的繁荣景象。使用绿洲色作为墙漆搭配同色的窗帘，或者使用绿洲色的古典印花墙纸，会让整个空间充满诗情画意。室内的沙发和座椅选用银色，低调不失优雅。绿洲色与亮白色搭配醒目而靓丽，床品若使用亮白色则能很好地体现这一点。同时，灯具可以采用拥有金属质感的蜂蜜色，并搭配亮白色灯罩，高贵而典雅。在亮白色的地毯上，铺上一小块人造皮草，在蜂蜜色的灯具映衬下会显得格外奢华。

绿洲色
GN 3-05

银色
GY 1-08

亮白色
WT 1-01

虎皮百合红
RD 2-03

纯黑色
GY 1-01

阡陌之上

Above the Green Country Road

绿色代表着生命和希望，也代表着一种故乡的味道。对于客居他乡的人来说，用绿色植物装饰房间，仿佛有重回故乡的感觉。穿过无边的田野，行走在阡陌之上，看到熟悉的村落，听到久违的乡音，那些微风中摇曳的花朵，不就是童年的记忆吗？

解析_这套配色方案最大的亮点是自由不羁，大气的棕色家具与绿色植物印花的墙纸搭配，产生出田园、梦幻的感觉。在壁纸印花选择上，可以用现代风格，也可以用古典风格。在装饰上加入艺术气息浓厚的饰品，可以进一步提升空间格调，当然饰品最好要与墙纸的格调一致。

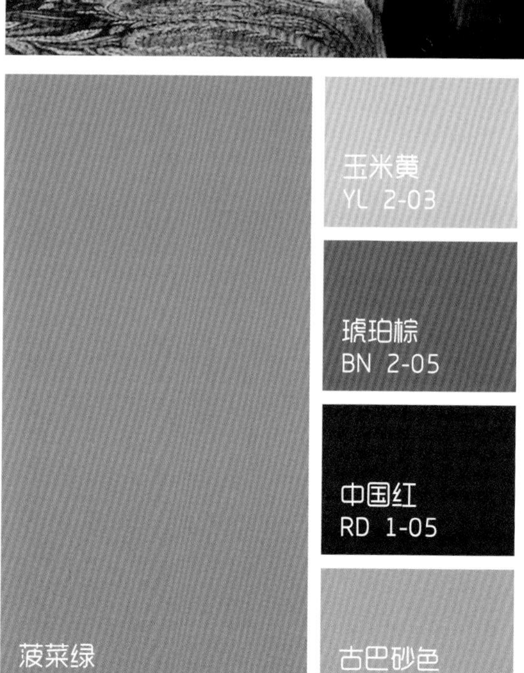

绿野仙踪

The Wonderful Wizard of Oz

辽阔天空，绵延高山，蔚蓝海水，这里曾经有好多故事流传：充满魔力的绿宝石城市，精致的白瓷国，还有住在森林深处的魔法女巫。这一切都诱惑着人们踏上这片神奇的土地，开始一场奇妙旅行。

解析_墙壁以浓重的橄榄绿为底，点缀橘红色和柠檬糖果黄的中式牡丹花纹样，给人留下深刻印象。木地板和立钟均用玳瑁色，沙发和地毯采用带有图案的暗粉色。除此之外，也可以将橄榄绿大面积用于家居布艺上，像是座椅、窗帘和地毯。上面的图案装饰为空间释放出无限惊喜。

Christian Dior

黛青仙女湖

Bluish Fairy Pools

苏格兰的天空岛堪称世外桃源，那里人迹罕至，远离喧嚣，保留着大自然最纯净、最原始的形态。周边有数不清的潺潺溪水和清澈见底的天然湖泊，青山围绕，纯净优雅。岛上著名的仙女湖为黛青色，纯净如冰魄，静谧如同仙境。

解析_在色彩上，深青色的主墙体带来视觉上的后退感，而且感觉清凉深邃。魅影黑用于床具和灯罩上，加重了空间的神秘感。可以在床头两侧摆放山水花鸟的屏风，图案可以采用蜂蜜色，既可以提亮墙面色彩，又可以增加空间的视觉温度。屏风前摆放一对纯黑色床头柜与床具色彩一致。明亮跳跃的蓝鸟色床品和地毯调节了卧室氛围，鹧鸪色呈现在窗帘和动物皮毛床尾凳上。整套配色方案散发着冷艳、高贵的气质。

深青色
GN 2-01

魅影黑
GY 1-03

蓝鸟色
BU 2-04

鹧鸪色
BN 1-04

蜂蜜色
YL 1-03

蓝色系

Blue color collection

大海与星辰的吟唱

海洋与天空的色彩，如同它的天气一般神秘莫测，时而和风细雨，时而惊涛拍岸。因此蓝色总能带给人无穷的想象空间。藏蓝色静谧深邃，充满着高贵而神秘的力量；Tiffany 蓝的优雅浪漫，俘获了无数女人的芳心。当蓝色与白色搭配，可以带来清凉优雅的舒适感；而大量融于布艺印花，则传达的是古老青花的不朽神韵。

浪漫马卡龙

Romantic Macaroon

马卡龙，曾经是皇室贵族的最爱，如今成为男士向心仪对象示爱的甜蜜礼物，始终伴随着甜蜜和幸福感。各种高纯度粉色、柠檬黄、橘色，都是青春少女独爱的娇嫩色彩，而“少女的酥胸”这个昵称，更赋予它浓郁的浪漫和性感的联想，让深陷爱情中的人们对它如痴如醉。

解析_整个客厅笼罩在墙面的浅松石色的氛围之中，让人联想起充满浪漫柔情的粉蓝调马卡龙甜点。天空灰的天鹅绒地毯有一种银色光泽，衬托出主人对生活品质的追求。壁炉前的两个米克诺斯蓝座椅和墙对面的鹧鸪色沙发及茶几，是客厅里的深色搭配，突出了冷色系的空间魅力。显眼的芹菜绿点缀无处不在，挂画、花瓶、鲜花、靠包上都有它的身影，营造出一个轻柔浪漫的惬意空间。

浅松石色
BU 2-08

天空灰
GY 3-04

米克诺斯蓝
BU 3-14

鹧鸪色
BN 1-04

芹菜色
GN 3-06

暖冬

Green Winter

初冬，阳光笼罩着大地，没有春光的惊喜，也没有夏日的灼热，更没有秋天的明媚，它却有着自己独特的美与温度。蓝色系中的浅松石色与黄色系搭配，可以让你在寒冷的冬季，感受冬日暖阳弥漫在整个空气之中，朦胧之间若隐若现，让你沉醉其中。

解析_这套配色方案是浅松石色与暗柠檬色搭配的典范。首先卧室的墙壁以浅松石色壁布为主色，清新外表上勾勒着黄水仙色花卉图案，与墙上的装饰画框一起光彩熠熠，这使整个房间充满温馨、优雅的格调。暗柠檬色床头板搭配挪威蓝镶边床品，与格纹地毯上交织的暗柠檬色和黄昏蓝正相呼应，既温馨又明快，能为空间带来和谐舒适的视觉感受。使用暗柠檬色的窗帘，可以很好地融合室外光线，带来朦胧温暖的感觉。在一对单人沙发中间的黄水仙色茶几上摆放一束鲜艳醒目的粉红花朵，可以让空间更加浪漫迷人。

ZEITOUN
MICHAEL LEWIS
Googled Ken Auletta
黄水仙色
YL 1-04
暗柠檬色
YL 3-01
黄昏蓝
BU 4-04
浅松石色
BU 2-08
挪威蓝
BU 3-08

最长情的告白

解析_Tiffany蓝绝对是世界上最有魔力的色彩之一，当她与历史更为悠久的Chinoiserie法式中国风墙纸结合，双重独特格调叠加出极致浪漫。铺一地暗条纹沙色地毯，以浅色衬托明艳的空间。在客厅中央，靠墙摆一件帝王紫天鹅绒沙发，两侧的甜菜根色单人扶手座椅、落地灯以及柠檬绿单椅和中式坐墩，这些亮丽色彩为Tiffany蓝空间增添了无限惊喜与幻想。

晴空下的嬉水乐园

A Leisure Park

由柔和蓝与亮白主打的儿童房室内空间，清新纯净，仿佛化身蔚蓝晴空下的嬉水乐园，能帮助你度过最为愉悦的亲子时间。置身于这样的环境中，无论是大人还是小朋友皆能体验到如水波般酣畅的清凉惬意感受。

解析_墙面采用柔和蓝粉刷，天花板和地面为亮白色，靠窗部分墙面可以使用亮白色木作包裹，温暖而贴近自然，搭配厚重的树梢绿色窗帘，既可以平衡室内光线，也能带来自然、愉悦的心理体验。儿童家具可以以亮白色和冰川灰为主，搭配部分黏土色，中性色调下，加入温馨色彩，玩具也是如此。整体空间通透明亮而又温馨、柔和，散发自然气息和无限活力。

柔和蓝
BU 3-13

亮白色
WT 1-01

树梢绿
GN 3-01

黏土色
BN 2-08

冰川灰
GY 3-05

丝竹清韵

Melody of Bamboo

江南有一种不老的旋律，名叫“昆曲”。它唱出了缱绻缠绵，演出了似水流年；它有着“情不知所起，一往而深”的《牡丹亭》，有着“今古情场，问谁个真心到底”的《长生殿》，它与江南生活密不可分，也早已在江南的园林中落地生根，与烟雨朦胧的江南融为一体。

解析_清澈纯净的柔和蓝，是环绕空间的主色调，亮白色的床品与装饰给人整洁、素雅的感觉，一尘不染。传统的中国红与古典深沉的青椒绿交织，结合中式风格共同演绎，显眼的对比色彩，有效提升空间的格调。墨玉色则依附于灯罩和家具之上，清新不失古典的用色设计，现代格局与传统力量的交融渗透，让人憧憬。

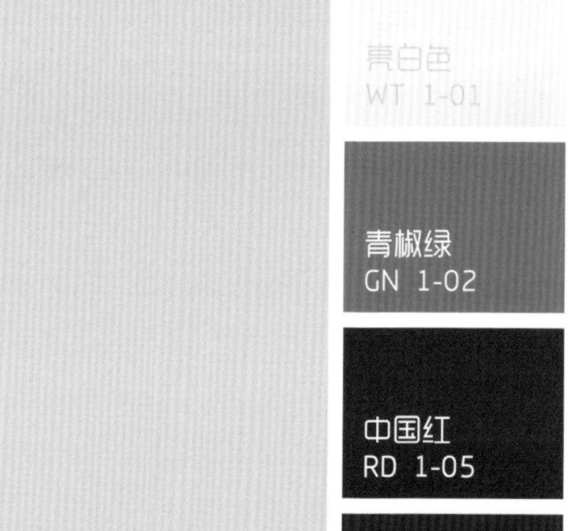

时间旅行者

Time Traveler

解析_折衷主义可以说是自由混搭的典型，创意与浪漫的结合体。古典元素的堆砌整合加上现代家具的铺就，一种有着强烈对比的视觉差异，能让人们获得与众不同的感受。所以空间采用古典的装饰设计，以婴儿蓝作为背景色，搭配同样素雅的亮白色床品和霜灰色地面，而纯黑色以及银色的现代饰品作为点缀色出现，丰富了空间的层次感。

婴儿蓝
BU 4-07

亮白色
WT 1-01

霜灰色
GY 1-07

纯黑色
GY 1-01

银色
GY 1-08

天鹅湖圆舞曲

Swan Lake

解析_采用质感轻盈的婴儿蓝作为墙面和窗帘的色彩，窗帘图案可以选择几何线条，十分适合安静的卧室。小掀窗要采用罗马帘，方便而且美观。橘红色印花床品、靠包和扶手座椅与婴儿蓝的背景色产生碰撞，打破了这一宁静氛围，平添了许多欢乐气息。与亮白色的床头板、衣柜和台灯相结合，仿佛是浮云淡薄的天空，能感受到微风轻拂的温柔触感。地毯采用灰褐色，再摆一件勿忘我蓝单人扶手椅，既简洁时尚，又清新浪漫。

橘红色 RD 2-02

亮白色 WT 1-01

灰褐色 BN 4-03

婴儿蓝 BU 4-07

勿忘我蓝 BU 4-06

海上花

Flowers of Shanghai

曾经无限奢华的法式风情，在现代公寓中上演了神奇魔法。诗意的勿忘我蓝，宛如大航海时代人们对于东方世界的神秘遐想，从东方的建筑、绘画、瓷器中让人大开脑洞，最终诞生了让人耳目一新的家居风格。在勿忘我蓝的背景下，通过古典的色彩搭配和精妙的绘画艺术，达成卓越的家居审美。

解析_如何将现代公寓设计出古典宫廷的氛围，这套配色方案是一个不错的借鉴。虽然没有了画师专门为你的墙壁作画，但是选择勿忘我蓝植物图案墙纸进行墙面装饰可以达到同样的目的。优雅的勿忘我蓝适合与纯洁浪漫的百合白搭配使用。客厅的谈话组可以由一个现代的勿忘我蓝三人沙发，一对现代百合白单人沙发，一对古典的百合白单椅组成，茶几选用苦巧克力色。如果再搭配一个法式中国风的柜子，空间的古典高雅气氛会更浓烈。点缀色可以选择含羞草花黄和番茄酱红色，用于挂画，有古典尊贵的感觉。

含羞草花黄
YL 1-08

番茄酱红
RD 1-01

勿忘我蓝
BL 4-06

苦巧克力色
BN 1-02

悠悠慢时光

解析_客厅背景色选用银桦色，墙面装饰百合白色线条，充满现代感。壁炉要采用大理石材质，大理石纹的运用是永不过时的。太妃糖色木地板是家居中常用的地板颜色，可以带来温暖气息，地板上铺设深灰蓝色块毯，沙发茶几全部都要摆在块毯区域内。充满现代创意的沙发颜色选择浅灰蓝，它与银桦色背景搭配，有助于塑造宁静的空间氛围。百合白创意桌几，不仅在视觉上更有色彩层次，还散发出一股浓浓的怀旧情。在现代优雅的基础上，空间点缀色采用金色，比如巴洛克复古画框，靠窗可以摆放一株高大的金色棕榈装饰品。

浅灰蓝
BU 4-05

银桦色
GY 2-05

太妃糖色
BN 3-04

深灰蓝
BU 4-02

百合白
WT 1-02

遐想海岸城

Peaceful Utopia

一个幻想的乌托邦世界，沙色的土壤，洗净的蓝天，平静的大海，葱郁的植物，每天睁开眼你都是快乐的，唯一让你忧伤的事就是如何让自己不快乐。

解析_蓝色是塑造宁静感觉的最佳色彩，在以亮白色为背景的客厅里，黄昏蓝和婴儿蓝的美式沙发让空间冷静、沉稳。沙色的地毯适度地缓解了空间高冷气息，室内自然光十分充足，甚至有朦胧恍惚的感觉。室内挂画选择非常重要，颜色与空间整体色调要匹配，黄昏蓝的沙发上面悬挂的挂画色调应该尽可能一致，而且要有想象空间。点缀色可以选用芹菜绿，绿植、靠包都是不错的选择。既可以提亮空间，引人注意之外，也增加了空间的层次感。

一池少女心

Blue Dream of Young Girls

如果可爱的少女心是粉红色的，那么纯真的少女心就是海蓝色的。这种浅蓝色调犹如一阵海风拂面，清新静谧、与世无争；它好似一袭薄纱长裙，散发着朦胧唯美的飘飘仙气；又宛若一片玉壶冰心，言不尽的清纯与梦幻，化作了一池少女心。

解析_以海蓝色墙面为主色，搭配浅松石色窗帘，在床头附近做暗盒，使浅松石色的窗帘可以在床头展开，从而覆盖墙面，使空间更柔和，也更具有舞台效果。海蓝色与银桦色相间的床头板延长到吊顶高度，夸张的造型，可以很好地烘托气氛。同色台灯及床尾凳，能为卧室带来轻盈欢快的韵律。尽量采用现代家具和装饰品，亮白色靠枕、边柜和单椅，以及银桦色地毯和装饰画框，有助于营造出一个典雅恬淡、仙气十足的居室氛围。装饰画中的热带植物纹样采用灰蓝色，与其他色彩十分和谐。

海蓝色 BU 3-12

浅松石色 BU 2-08

亮白色 WT 1-01

银桦色 GY 2-05

灰蓝色 BU 4-03

浅孔雀蓝
BU 2-05

魅影黑
GY 1-03

橙赭色
OG 1-03

蜂蜜色
YL 1-03

蓝鸟色
BU 2-04

蓝色夏威夷

Blue Hawaii

这套配色方案的灵感来自一款鸡尾酒——蓝色夏威夷。蓝色柑香利口酒代表蓝色的海洋，酒杯中的碎冰象征着泛起的浪花，而散发的果汁甜味犹如夏威夷的微风细语。这套配色方案洋溢着蓝天白云与椰林摇曳的热带风情，见到它会让人不禁联想到夏威夷的蔚蓝大海，金色海滩和茂密的雨林。

解析_在书房的设计中，背景选用蓝色会起到稳定情绪、集中注意力的心理效果。所以这套配色方案在墙面木作的用色上使用了清爽的蓝鸟色。当蓝鸟色搭配比它更淡些的浅孔雀蓝沙发和靠包时，空间会显得更加凉爽。为了让空间具有温暖的色调，在家具选择上，可以加入蜂蜜色的书桌，以及橙赭色的单椅。如果再加上魅影黑的点缀，空间则会具有鲜明的都市感。

CAPOTE
THE MUSEUM
THE QUEEN'S PICTURES
SPLENDOURS OF THE EAST
PHILIP J. OPPENHEIMER
UNDERWORLD
FLORENCE

苏醒的亚特兰蒂斯

The Awakening of Atlantis

神奇的亚特兰蒂斯，在深海中苏醒，它拥有广袤的大陆，茂密的丛林和鲜花盛开的原野。它的人民高度智慧，生活富足，那里遍地黄金、白银。柏拉图在书籍中赞美过它，后世无数冒险家、学者寻找过它，也描述过它。我们的配色方案，灵感来自于人们对于亚特兰蒂斯的幻想。

解析_以蓝色、白色为背景色，延展了视觉空间，同时带有强烈的清凉感觉，而绿色沙发以及露出的竹藤材质，进一步降低了空间的温度。在此基础上，采用明度和纯度都很高的帝国黄色靠包和玫红色的插花，增加了暖色调，平衡了空间色彩。另外在空间布局中，严格遵循了对称的原则，所以空间色彩虽然艳丽但却井井有条。

潜水蓝 BU 3-09

帝国黄 YL 2-04

绿光色 GN 3-09

亮白色 WT 1-01

太妃糖色 BN 3-04

孔雀蓝
BU 2-03

芹菜色
GN 3-06

亮白色
WT 1-01

画眉鸟棕
BN 2-06

苦巧克力色
BN 1-02

深水幽兰

Quiet Orchid

解析_餐厅的墙面使用异想天开的手绘孔雀蓝色壁纸装饰，地板上覆盖画眉鸟棕色地毯。在亮白色的边柜上方，悬挂古典风格的镜子。苦巧克力色意大利胡桃木的餐椅，搭配亮白色复古餐桌。建议使用芹菜绿色条纹窗帘，呼应着同色餐椅坐垫。金属内罩的吊灯可以在一个颜色饱和的空间里，营造出安静柔和的光线。

亮白色
WT 1-01

深灰蓝
BU 4-02

墨玉色
GY 1-02

挪威蓝
BU 3-08

蜂蜜色
YL 1-03

蓝色多瑙河

The Blue Danube

遐迩闻名的多瑙河，仿佛一条蓝色丝带，飘过了最多的国家，也融合了最美的故事。一曲蓝色多瑙河，动听而明快，它华丽的色彩让河畔的人们翩翩起舞，它高雅的格调流淌到世界各个角落，温柔地蔓延在人们心中。

解析_非常典型的法式中国风的家居设计，大量使用了布艺装饰。挪威蓝布艺印花图案遍布着卧室的各个角落：壁布、床幔、床尾凳、单椅、靠包以及窗帘，美得令人融化。与亮白色床品及多人沙发相搭配，是再美好不过的选择了。在床边似乎不经意的地方，摆放一把小巧精致的单椅，使用同样风格的包布，与空间融为一体。床头两侧的深灰蓝陶瓷花瓶和台灯，以及窗边的墨玉色中式书架，都为空间融入高雅的东方风情。蜂蜜色画框及装饰点缀，则带来一丝华美与精致。

女王的海上宫殿

The Queen's Palace of the Sea

从来宫殿都是建筑在陆地上的，谁曾见过漂浮在海洋上的楼宇？在我们的梦想中，海上宫殿的主人一定是位美丽又智慧的女王。她用细腻的心思构建自己的世界，用海洋里那些诱人的色彩，打造自己奢华的客厅。

解析_挪威蓝是高贵而又充满梦幻的色彩。这款以挪威蓝为主色调的客厅适合每一位拥有少女心、女王梦的女子。挪威蓝墙面搭配孔雀蓝水波纹图案的窗帘，令一股广阔的海洋风直达心底；亮白色的装饰镜、装饰画、灯罩和桌几令空间更加清新，亦起到了提亮的效果；阿罕布拉绿的沙发座椅，增加了空间的层次感，令视线更加醒目惬意；沙色的地毯图案简简单单，细腻地表达但从不喧宾夺主。

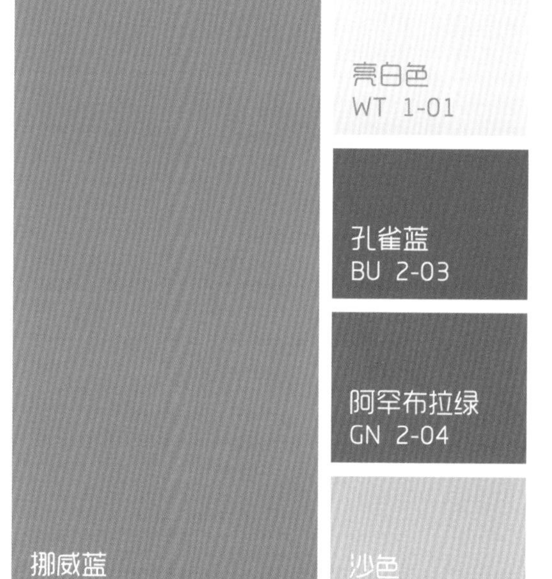

漂浮的岛屿

Floating Island

解析_古典又精致的景泰蓝令现代家居拥有了文人雅士的情怀。搭配姜饼色沙发和黄绿色靠包，于低调中显露些许轻奢主义，又把一种清新元素带回家中。景泰蓝令空间具有了美的动感，令生活充满丰富的含义，而黄绿色内饰搭配则起到了动中求静的效果，令一切忙碌于雅致的赏玩中尘埃落定。

景泰蓝
BU 3-06

亮白色
WT 1-01

姜饼色
GN 4-01

浅孔雀蓝
BU 2-05

爱琴海

Aegean Sea

波涛澎湃的爱琴海是欧洲文明的摇篮，也是浪漫旅程的象征。在蔚蓝的海面上，绵延的船只在白色城市下面扬帆待行，这令人想起了阿伽门农的舰队。远眺是伯罗奔尼撒半岛，岛上点缀着青翠的柠檬树和橄榄树，葱茏中掩盖着明亮的白色屋顶。那里隐没着温泉关，还有列欧尼达司和他的三百勇士。

解析_一般卧室设计中，可以将床头板与窗帘采用同样的色彩和图案，彼此间形成呼应关系。所以本方案中景泰蓝的床头板对应了同样色彩的窗帘，而在铺设的地毯上，克诺斯蓝与景泰蓝图案一深一浅，仿佛海边的蓝色屋顶。亮白色一直都是蓝色的好搭档，所以卧室的墙面和床品采用了亮白色，如此一来，爱琴海式的蓝白搭配带来一股清新浪漫的味道。本方案中，点缀色的使用是一大亮点，兰花紫床头柜和鲜花装饰是神来之笔，仿佛在海风中摇曳的紫色花朵，优雅到极致。而摆放的绿光色图案靠包和两个床头灯，点亮整个空间，更显纯洁唯美。

亮白色
WT 1-01

米克诺斯蓝
BU 3-14

绿光色
GN 3-09

景泰蓝
BU 3-06

兰花紫
PL 3-06

解析_这套配色方案，将古典尊贵的皇室蓝运用在充满现代主义风格的家居中，带来了耳目一新的感受。皇室蓝饱和度较高，不太适合用于背景色，但是可以用于家居强调色。客厅的墙面可以选用百合白色，而地毯也可以采用同样的颜色，但要选用现代风格。他们与皇室蓝搭配，能够产生清新、纯净的效果。客厅里的多人沙发采用皇室蓝，相当醒目，在亮白色创意茶几的衬托下，整个空间凸显出一种独特的宁静感。沙发上搭配一件长条毛茛花黄印花靠包，或者搭配魅影黑装饰画和南瓜色抱枕及花瓶，共同营造出鲜明、潇洒、有活力的生活态度。

塞纳河畔

The Seine Meets Paris

塞纳河，宽阔的河流，缓缓地流水。它横穿了半个巴黎，平衡人们忙碌的生活步调，陶冶一颗闲散的心情。河畔上，有寂静处，也有繁华地带，有美景，也有画家身影。它的诗情画意不但为巴黎城内带来了清新之风，还散发着一股特别的艺术情调。

解析_这套配色方案带给空间浪漫的法式风情。卧室墙面全部采用青花图案墙纸，中式元素演绎出法国文化故事，依然是一股抹不掉的灵动气韵。米克诺斯蓝丝绒床头板柔软了原本硬朗的青花图案，旁边的蓝鸟色床头柜以及床上的小苍兰黄、草绿色和亮白色结合的清新床品，赋予了卧室更加单纯的绚丽。空间中需要加入华丽元素：皮草是最佳选择，放置在床尾或地上，空间立刻华丽起来。窗帘使用亮白色，搭配草编的罗马帘，更显自然清新。

亮白色
WT 1-01

蓝鸟色
BU 2-04

小苍兰黄
YL 2-01

草绿色
GN 1-06

亮白色
WT 1-01

金棕色
BN 3-02

栗红色
BN 2-03

含羞草花黄
YL 1-08

青花物语

Blue and White

蓝白青花传递着东方国度的古雅神韵，一直以来作为居室里打造优雅气质最佳典范。在儿童房的设计中，繁复古朴的青花元素与欧式家具组合，精巧别致，细节上深浅不一的色泽配以绝美花纹，让空间呈现出非凡的气势。

解析_墙面使用代尔夫特蓝图案的壁布或者壁纸进行装饰，青花清新优雅的魅力会因为这样的装饰而得到体现。地面装饰可以使用同样色彩的几何图案地毯铺满整个地面，与亮白色的天花板对应，或者在棕色地板上铺一小块代尔夫特蓝地毯，毯子一角要被青花包布的单人沙发压住。亮白色搭配青花是最常用的，床品、灯具可以选择亮白色，靠包要选用明亮醒目的含羞草花黄色。家具使用厚重古典的栗红色，而点缀物，可以选择青花的瓷器，也可以选择欧洲古典情怀的挂画，但画框最好是金棕色，既有古典的感觉，同时也会让空间相对沉稳。

蓝色魔方

Blue Magic Cube

这是一个活力十足的方案，它将冷色调与暖色调混搭，如同翻转的魔方，总能搭配出一片出人意料的艺术空间，现代感十足。

解析_荷兰皇家代尔夫特蓝明显比景泰蓝浓郁一些，它的低调魅力用于家居地毯，使客厅既精美又不失现代气息。赭黄色和葡萄汁色的小方块点缀，让宁静氛围出现了几个跳动的音符，又仿佛多变的魔方，成为整个空间的聚焦亮点。

午夜烟花

Fireworks in the Midnight

解析_以深蓝色系的倒影蓝为墙面背景色，一张火红色的床具及床品绝对是卧室里的装饰重点，犹如幽谧下的一抹红唇，带来一丝跳动的喜悦。记得要在墙上摆放暖色调的挂画，让墙面不至于过冷。根据功能性，床头不一定要摆放对称的床头柜，可以在一边靠墙的位置摆放纯黑色书桌，浅兰花紫色台灯可以左右对称，搭配同色窗帘，散发出诱人的神秘魅力。书桌前摆放蓝鸟色单人座椅，为空间带来更为丰富的视觉感受。

米克诺斯蓝
BL 3-14

绿光色
GN 3-09

纯黑色
GY 1-01

比斯开湾蓝
BU 2-02

皮革棕
BN 3-01

萤火虫之洞

Hole of the Firefly

很多人都有过捉萤火虫的经历，在暗夜中追逐许久，才把小小的萤火虫放进瓶子里，隔着玻璃看它一闪一闪发出微光，像星星一样。在新西兰北岛的怀托摩溶洞，这种梦想竟能成真：成千上万的萤火虫在岩洞内熠熠生辉，灿若繁星，有人把这种自然奇观称为“世界第九大奇迹”。

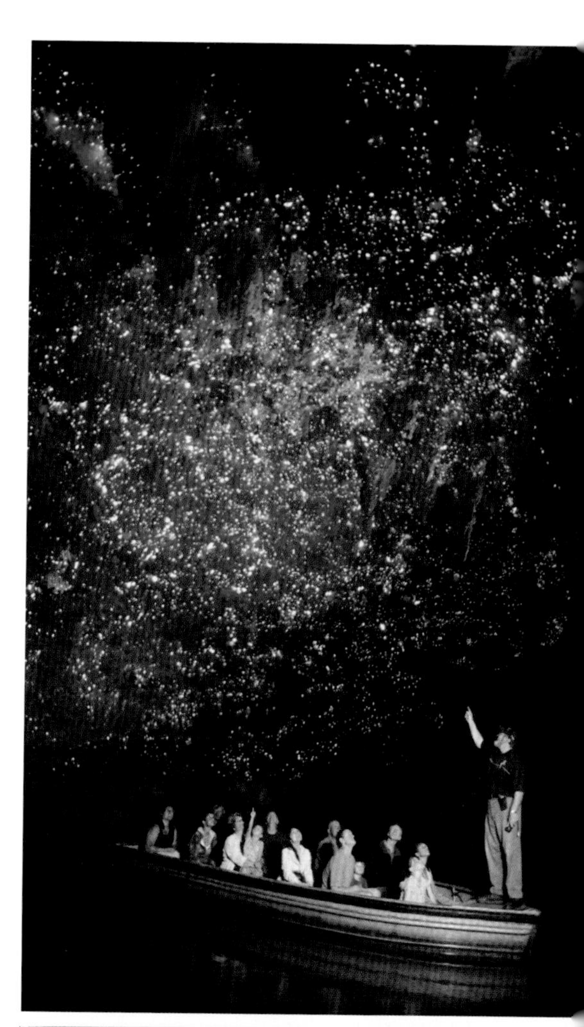

解析_由比斯开湾蓝和米克诺斯蓝结合在一起的餐厅墙面，显得空间既深邃又幽暗。为了提亮墙壁的色彩，可以在靠墙的纯黑色中式储物柜上方摆放一副绿光色的挂画，明亮的色彩可以使空间更为活跃。现代造型的亮白色餐桌和绿光色餐椅醒目而明亮。使用皮革棕木地板，同墙面一起衬托着空间中央，让视线集中在用餐区域上，同时让空间感觉不那么冷。

夜光倾泻

Falling of Moonlight

暗夜，深蓝色的天空中，星月之光洒向远方，璀璨灯火照亮大地。扑朔迷离的夜光，伴着徜徉的晚风，[illegible]

解析_以深牛仔蓝墙面为主色，为了不显空间压抑暗淡，一定要用在采光好的客厅里。摆一组百合白布艺沙发和同色的桌几、台灯，再铺一袭鲜艳的虎皮百合红图案地毯，起到提亮整个空间的视觉效果。皮革棕用在座椅、抽屉柜及坐墩上。墙上悬挂的油画，尽量要色彩丰富，以虎皮百合红和绿松石色为主，如同夜晚路边的霓虹般绚烂。

百合白
WT 1-02

虎皮百合红
RD 2-03

皮革棕
BN 3-01

深牛仔蓝
BU 4-01

绿松石色
GN 2-05

紫色系

Purple color collection

高贵典雅的女性象征

紫色来自于宫廷，也来自于自然，它是雍容华贵的色调，代表着权力与信仰。紫色在家居中很难运用，也正因此，紫色的配色方案更显珍贵。紫色的可塑性极强，绛紫可以带来宫廷的奢华气质，兰花紫则淡雅到如梦似幻。除了作为背景色大面积使用之外，它更多被运用在沙发、靠包以及装饰挂画上，在这里我们看到了古典和现代相融合的契机。

柔薰衣草色
PL 3-07

浅紫色
PL 2-06

兰花紫
PL 3-06

深蓝色
BU 1-04

纯黑色
GY 1-01

普罗旺斯的六月

Provence in June

薰衣草花开六月，普罗旺斯旷野中满眼的紫花绿叶，幽幽的淡紫色小花，拖着芊芊长蔓，荡漾在美好记忆里。它的浪漫是在蓝蓝的天空中触及白云之唇，它的力量是把画家和诗人的礼赞变成人间仙境，它的紫色波动如海洋掀起一层又一层紫色的浪。依恋着紫色，难忘薰衣草的奇香，如梦似幻，被这馥郁的奇香弥漫着，将整个天空变幻成紫色的世界。

解析_这套卧室配色方案的亮点在于大面积地使用了紫色，并且使用不同的紫色搭配出尊贵高雅的家居氛围。紫色是一种非常难驾驭的色彩。这套方案中，使用了柔薰衣草色的墙纸作为卧室的背景色，天花板以及部分家具采用了亮白色，这样使空间看上去清爽雅致。卧室地毯使用浅紫色，而在床品的选择上，亮白色和兰花紫色又一次做了完美搭配。在紫色调空间中，点缀色选择纯黑色，比如灯罩、相框等，也可以选择深蓝色，如单人沙发。

浅兰花紫色
PL 1-06

亮白色
WT 1-01

晚霞色
YL 3-09

浅紫色
PL 2-06

苦巧克力色
BN 1-02

紫藤花之恋

Romantic Love of Wisteria

紫藤花，对青春爱情的怀念。紫色的光彩，还有淡淡的芳香，地上散落的是天鹅绒般的松露。让人想起在磕磕绊绊的青春路上，在缠满紫藤的树荫下，那些甜蜜而忧伤的秘密，永远都藏在如诗的青春岁月中。

解析_梦幻气质的薰衣草色将为卧室空间带来无边的舒适之感，有助好眠的浅雅淡紫可作为主色用于墙壁、窗帘、地毯、床品和家具表面之上，亮白以主要家居单品呈现，可以是床头柜、床头板和梳妆椅凳等，香草冰色的少量点缀则用于布置在床边的鲜花装饰和窗纱上。

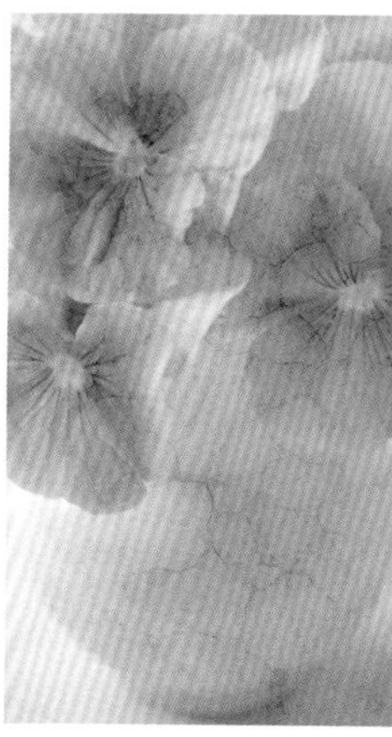

神圣而暧昧的色相

Holy and Ambiguous Color

紫色在色彩能量中属最崇高的色彩，代表自信与尊贵。旧时的紫色印染难得，只有拥有至上地位的人才配拥有，传说当年恺撒的披风，就是紫色的。

解析_浅雅的紫色给人一种虚无缥缈、捉摸不定的感觉，像极了女生的脾气。浅兰花紫色运用于书房的书架并与背景木作相连。天花板和单椅的色彩保持一致，皆采用亮白色做提亮选择，纯净的白色基调使氛围更为纯真。蜂蜜色的水晶吊灯和书桌的金属支撑时髦之中带出些许轻奢的意味。兰花紫和维多利亚蓝的结合，鲜艳而明亮，能够凸显色相中女性化特质妖娆的一面，以抽象画的形式呈现，更加夺人眼球。

午夜薰衣草

Midnight Lavender

当你在普罗旺斯旅行时，你的视野会被连绵无边的薰衣草占据。这种象征爱情的植物，是对爱的承诺与等待，夜以继日。午夜的薰衣草，在月光下幽幽绽放，暗香浮动，似恋人耳鬓厮磨，浪漫满怀。

解析_佩斯利紫色具有鲜明特点，用作家居主色附于墙壁表面结合东方花鸟手绘质感纹路，再搭配上古典气息浓郁的墨玉色边角柜，以及水晶吊灯与现代风格的简约造型餐椅家具等，不拘一格。

佩斯利紫
PL 2-03

亮白色
WT 1-01

墨玉色
GY 1-02

蜂蜜色
YL 1-03

沙色
BN 4-07

东方的华丽物语

Oriental Gorgeous Story

佩斯利紫明艳、美丽而神秘，更拥有其他色彩无法企及的华丽与性感。居室里用佩斯利紫作主色的例子并不常见，但因为它独特的色彩属性，往往成为设计达人挑战创意的喜爱用色。

解析_墙壁、桌布和沙发配以佩斯利紫，深沉浓郁，凸显神秘气质。地面则以魅影黑做底色，加上格纹装饰，打造出时尚摩登的效果。天花板和主要的家具皮面以亮白色呈现，配合适当的点缀，用于调节室内光线，在灯罩、画框等装饰细节处，黑白两色的运用也十分频繁。中国红是心头挥之不去的东方情结，并成为空间里的重要点缀色彩，更体现在桌布边角处。玳瑁棕的角几与虎皮纹靠包结合，既赋予传统印象，又显得饶富情趣。

佩斯利紫
PL 2-03

魅影黑
GY 1-03

亮白色
WT 1-01

中国红
RD 1-05

玳瑁色
BN 2-04

刹那芳华

Beauty of a Moment

绛紫，中国传统色彩名称，暗紫中略带红的颜色。它给人端庄、幽雅的感觉，宛如无限缥缈、意境悠远的东方式画卷，在过去，常用于形容女子性情的坚韧和倔强。在西方，它被认为是贵族的颜色，优雅而矜持。

解析_在这套案例中，绛紫色成为营造古典氛围的关键色彩。在单椅包布表面、靠包和沙发巾的用色上，则选取了绛紫色作为主要的填充色彩，并通过环境的一系列深浅对比，用以展现其自身的优雅气质。诗意绵长的蒸汽灰成为充盈空间的美妙旋律，墙壁用它做大面积铺色，更奠定了居室典雅、温润的色彩基调。编织地毯采用的是柔和、贴近肤色的纳瓦霍黄色，配合棉麻的肌理质感，增添了一丝古朴的韵味。放置在栗色的中式边桌上的古典绿花瓶，是空间里提升格调、彰显品位的重要点缀，它与其他栗色家具和地板的颜色相衬相映，是更加贴近东方美学的用色设计，带有古色古香的气息，让人沉沦不自知。

古典绿
GN 2-03

栗色
BN 1-03

恺撒

Cesar

紫色代表高贵与勇气，它是一代君王恺撒追逐的色彩，伴随着他走向人生的顶峰。他开启了一个新的全盛时代，且被列入众神行列，被尊为“神圣的尤利乌斯”。

解析_罗甘莓色是空间的重头戏。三人沙发和座椅的底色皆采用罗甘莓色，给人强有力的视觉冲击，而且沙发的丝绒触感和高光泽度，能让色彩更加鲜艳亮丽。墙体和一系列布艺产品则选用纳瓦霍黄色，并结合豹纹、虎皮纹等，温暖之余还能体味些许的热情和狂野。火红色是用于修饰的强调色彩，镶嵌在众多布艺花纹之中，随处可见。克莱因蓝与草绿色点缀在细节处，以墙壁上的挂画装饰效果最为突出，并具有强烈的东方特色，其艳丽而浓重的色彩搭配，也留给人深刻的印象。

TONY DUQUETTE
MORE IS MORE

粉色系

Pink color collection

营造梦境的专属色彩

粉色几乎就是女人的专属色彩，它浪漫而甜美的色调装饰着每一个女人的家居梦想。它更多地被运用在较为私密的女性空间中，如卧室、衣帽间。在家居设计中，甜美的粉色是让人无法抗拒的公主般的高贵，它与绿色搭配带来的是浪漫与娇宠的少女气息，而与紫色搭配则有着高贵冷艳的气质。但无论怎样搭配，它都会是我们营造梦境的最佳选择。

爱丽丝花园

The Garden of Alice

这套配色方案，灵感来自于童话故事《爱丽丝梦游仙境》。梦幻的仙境中云雾缭绕，蜿蜒的藤蔓透过虚无的缝隙展示着点点绿意，娇俏的粉蝶在娇艳的玫瑰上梳理着自己的翅膀，可爱的白兔先生拿着他的怀表奔波在赶赴约会的路上，喜欢虚张声势的睡鼠一如既往地挥舞着他的佩剑。美轮美奂的场景一如每个小女孩心底期盼的那场奇遇。

解析_亮白色搭配珊瑚粉，最适合具有少女情结的女生了。可以在墙壁上装饰亮白色的墙纸，可爱的小波点图案会让空间萌萌的。家具选用英国亚当时期的貂皮色床、橱柜和亮白色座椅，床幔外围使用杜松子色，搭配玫瑰红的碎花图案，内衬为珊瑚粉色，带来浓浓的古典浪漫风情。空间中使用了大量的布艺和块毯，单人沙发全部使用包布类型，以亮白色和杜松子绿色为主，地毯也是用杜松子绿的印花图案，整个粉嫩的空间都被鲜花所装饰，仿佛置身于梦幻的花园。

亮白色
WT 1-01

貂皮色
BN 2-02

玫瑰红
RD 3-06

杜松子绿
GN 4-03

珊瑚粉
PK 2-03

糖果盒子

Sweetbox

神奇的糖果盒子装着太多儿时的宝贝：玻璃球、贝壳、棒棒糖、旧照片、变形金刚，还有我们的纯真和梦想。多年以后，经历过沧桑历练的你，是否还有勇气打开心中的盒子，找回真正的快乐呢？

解析_水晶玫瑰色的花卉壁纸、格子窗帘及靠枕，为女儿房带来一股清新粉嫩的糖果味道。床头板采用比墙面更深一点的草莓冰色，床品由菠菜绿搭配水晶玫瑰色组成的童趣图案，能让女生感受到甜美与清新。地面铺米褐色地毯，温和又耐脏。

亮白色
WT 1-01

菠菜绿
GN 3-04

草莓冰
PK 1-06

水晶玫瑰色
PK 2-04

米褐色
BN 3-08

秦淮灯火

The Romantic Night of Qinhuai River

秦淮风月能让后人记住，似乎在于那些数不清的风流韵事，说不完的名伶艺妓，故而它的配色中一定少不了浪漫的粉色和热烈的红色，桨声灯影里的秦淮河，风情万种的妩媚女子，朦胧的月色，轻纱般地映衬在金碧辉煌的彩楼画坊之上。

解析_将东方元素加入装饰当中，让空间成为熟悉的陌生人。粉色代表着浪漫和幻想，墙壁采用火烈鸟粉色壁纸装饰，使空间具有浪漫的基础色彩。东方元素往往具有很强的延展性，可以让许多想要表达的情绪，一切尽在不言中，所以在家具选择上，选用墨玉色背景，蜂蜜色绘画屏风，是最佳选择。此外还可以选用安道尔棕色欧洲古典家具。在点缀色选择上，可以选用蜂蜜色的烛台与屏风颜色呼应，还可以选用珊瑚红色的台灯，灯罩采用经典的佩斯丽的花纹。

暗粉色
PK 2-01

灰蓝色
BU 4-03

罂粟红
RD 1-08

黄水仙色
YL 1-04

香槟粉
PK 2-05

蔷薇渐浓

Rosa in Blossoming

小时候，在一些民居的院落里，常看到蔷薇花开满一墙。花开正浓的时候，花架上蝶舞蹁跹，暗香浮动。记忆中有白墙黑瓦，也有落满青苔的石板，还有清凉甘洌的井水。时过境迁，曾经熟悉和依恋的景物渐行渐远……

解析_浪漫优雅的蔷薇花开满一墙，仿佛进入一片花海丛中。淡雅柔和的香槟粉，将室内映衬得温馨、灿烂而缤纷，与灰蓝色的枝藤交织成春天里最动人的音符。镶有蔷薇印花的暗粉色窗帘被慵懒地束起，迎着和煦的阳光，感受到生命里难得的闲暇时光。由罂粟红编织而成的手工地毯，与书桌上热烈绽放的花朵照应，共同谱成美妙乐章。黄水仙色的古典镜框与描金装饰，恰如其分的点缀，凝聚华美气韵。

洛丽塔

Lolita

她的世界你永远不懂，她的心也只为懂自己的人打开，她的纯良与任性永远是一枚硬币的两面，她让人爱不释手，却又筋疲力尽，她永远是一个童话，即使有一天自己长大告别童年，但是她永远都是那个长不大的孩子。

解析_以甜美图案作为主要装饰特性置于家具表面，搭配上少女气息爆棚的清新糖果色，让公主房呈现出高贵、可爱的感觉。墙壁使用充满少女情怀的香槟粉，搭配芹菜色地毯，粉嫩无比。窗帘、床幔都使用了充满少女气息的印花图案，融合了暗粉色与芹菜色，与整体家居色彩保持一致。点缀太妃糖色的床尾凳和海蓝色挂画，丰富了空间的层次感。

暗粉色
PK 2-01

芹菜色
GN 3-06

海蓝色
BU 3-12

太妃糖色
BN 3-04

小麦色
BN 3-07

绿光色
GN 3-09

魅影黑
GY 1-03

暗粉色
PK 2-01

玳瑁色
BN 2-04

草莓慕斯
Mousse with Strawberry

当你想起“闺蜜”的时候，首先会联想到粉红色，她既是你们一同成长的浪漫记忆，也是你们友爱的象征。在一个晴朗舒适的午后，亲自动手为她制作一个粉粉嫩嫩的草莓慕斯，香甜中会有浓郁的奶味和轻飘飘的草莓香味，感觉娇滴滴的。

解析_来自食物的配色灵感，让人充满动力。暗粉色的墙壁与窗帘、小麦色木纹拼接地板，让人联想起慕斯蛋糕层层叠叠的造型，绿光色的复古餐椅与装饰挂画遥相呼应，取自其中的色彩，与空间主色强烈互补，让人食欲大增。亮点在于餐厅区域的主墙壁，直线造型的壁龛设计拉伸空间，而填满的书籍充分地显示出其实用性和装饰作用。魅影黑与玳瑁色对细节进行了完善，体现在餐椅扶手、餐桌台面和灯饰，以及条桌之上。

LIVING IN STYLE PARIS
NEW YORK

丁香花语

Whisper of Lilac

淡淡的粉色，成为渲染情绪的背景，让温柔与爱意如花一般孕育、开花、芬芳，开一次就是一生。这套配色方案没有使用强烈的对比色，整体色调恬淡而透明，与白色和浅紫色搭配，仿佛进入到岁月静好的桃花源之中。

解析_用淡丁香色中国风花卉墙纸、床头板及床裙，可以大大增加卧室里的梦幻指数。亮白色的天花板、床品、壁炉以及房门，让氛围更加清新可人。浅紫色的床帷与淡丁香色搭配唯美、直戳内心，满足了女性的所有幻想。在床的对面，摆一件有着蜂蜜色椅腿的葡萄汁色座椅，使粉色的卧室色彩更有层次。

亮白色
WT 1-01

浅紫色
PL 2-06

葡萄汁色
PL 1-03

淡丁香色
PK 2-07

蜂蜜色
YL 1-03

雨灰色
GY 3-03

亮白色
WT 1-01

庞贝红
RD 1-03

柔玫瑰色
PK 1-05

魅影黑
GY 1-03

浪漫满屋

Full House

配色方案的灵感来自于韩剧，雨灰色的装饰背景如同时尚帅气的男主角，充满绅士气质和严谨的风度。在自己最好的时候邂逅妩媚任性、充满粉红情调的女主角，一起演绎一段刻骨铭心的玫瑰色爱恋。

解析_将浪漫的柔玫瑰色床具及床品摆在完全被雨灰色包围的卧室中，会让人的视线聚焦在空间中央——这个充满女性妩媚与浪漫的床上。雨灰色的法式中国风壁纸和亮白色的枕头与台灯，带来一种安静与提亮作用。床两侧是庞贝红的床头桌，如果还有空间，床对面还可摆两把魅影黑单人座椅，营造出丝丝舒适与惬意。

春归处

Return of Spring

红色的热情与活力、粉色的温柔与幻想交织在一起，仿佛春天万物觉醒时的热烈，在青春的时光中绽放出姹紫嫣红的花朵。这套配色方案带来的是对爱和生命毫不掩饰的迷恋和追求，是对梦幻和生活的憧憬与向往。

解析_草莓冰是今年春夏的流行色之一。墙面和窗帘采用甜美的草莓冰色条纹与火红色花卉，两种图案混合搭配为卧室带来无限活力。墙边的书桌使用巧克力棕色。房间的一角，挂着一幅火红色纯色块装饰画，惹眼的色彩贯穿了整个卧室。

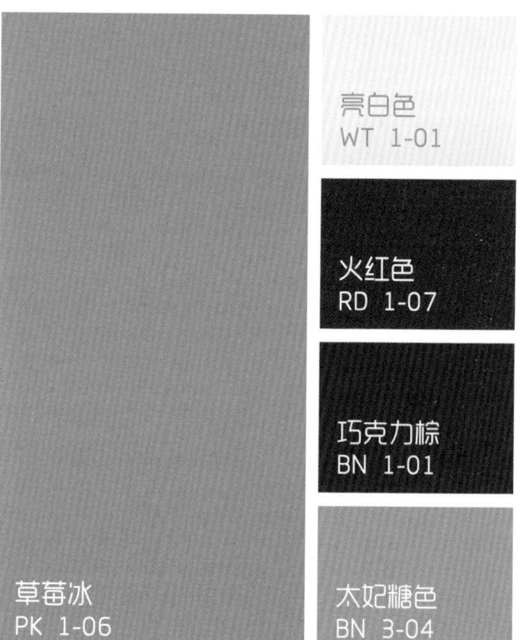

百合白
WT 1-02

鹧鸪色
BN 1-04

魅影黑
GY 1-03

蜂蜜色
YL 1-03

粉色芭蕾

解析_打造一个粉而不腻的客厅，墙面要采用百合白，地面铺设画眉鸟棕木地板。沙发区域由四个魅影黑皮质座椅和一个创意咖啡桌组成。客厅的一角，还有一个四人座的早餐区，墙上的蜂蜜色中国风装饰面板十分亮眼。整个空间都被高大的甜菜根色窗帘围绕，如同水彩一般，为客厅添上浓墨重彩的浪漫笔触。

红色系

Red color collection

千歌万舞与贵族记忆

红色代表着活力热情，是一种鲜明的、有生气的色彩。它既可以增加阴暗房间的亮度，也可以为质朴空间增加时髦感。它与灰色搭配，在素雅的暗色调中加入鲜亮，会显得高雅、富有现代感。而与冷静的蓝色搭配，则可以起到强烈的视觉冲击作用，成为空间中抢眼的色彩。红色的运用，可以让空间充满幻想和童真，让绚丽的色彩带来纵情的快乐。

亮白色
WT 1-01

香薰色
BN 3-06

杜松子绿
GN 4-03

貂皮色
BN 2-02

珊瑚情话

Coral Whispers

漫步在心形岛的白色沙滩上，任凭泛起的波浪拍打着脚面，嗅着带着翠意的棕榈树弥漫在空气中的清香，像孩子一样拾起浪潮退去散落在沙滩上的珊瑚。莹润的红色在阳光的照射下显得格外娇艳，温暖的触觉仿佛诉说着来自远海精灵的绵绵情意。

解析_亮白色与珊瑚色搭配的客厅，清凉通透，却又不失浪漫热情，浓郁的海洋风情直抵内心。墙面全部使用亮白色漆成，明亮通透。地面铺设香薰色地毯，温馨淡雅。客厅全部使用现代家具，沙发坐具以及窗帘使用珊瑚色的印花布艺装饰，茶几、多宝阁使用亮白色，靠墙还可以摆放貂皮色的书柜，让空间更有层次感。客厅中要摆放高大的绿植，既可以作为点亮空间的装饰，又可以改善空气。

BEATON

亮白色
WT 1-01

蜂蜜色
YL 1-03

橡木黄
YL 1-06

鹧鸪色
BN 1-04

中国印象

Impression of China

在西方视野中的中国符号，是代表王权富贵的金色，是象征吉祥如意的红色，是崇尚自然哲学的藤萝花鸟图案，也是菩萨低眉的慈悲肃穆。这些元素在家居中的整合运用，带来了西方式的中国表达，别有一番韵味。

解析_以番茄酱红色为背景墙，装饰上Chinoiserie法式中国风纹样或挂饰，能为客厅带来焕然一新的东方格调。蜂蜜色装饰线金光熠熠，橡木黄木地板温厚暖人。也可以采用奶油色中国风图案壁纸，再搭配番茄酱红沙发和座椅，令时空在其间穿梭，将尘世喧嚣隔在了门外。

摇滚鸡尾酒

Rock Cocktail

夕阳落下，拉开了夜的序幕。而摇滚和酒，就是夜晚的节奏。当热辣的Gibson鸡尾酒的气息似一团红色的火焰随着空气的流动扑面而来，当冰凉的液体伴随着强烈的鼓点慢慢落肚。迎来的是追随着吉他高潮“high起来”的疯狂与激情。年轻，就该享受生活的狂野。

解析_红色是高贵的象征，也是热情奔放的气质。以火红色作为背景色，需要大胆和勇气。书房的墙面使用火红色装饰，整体装饰风格走复古混搭的路线。使用高大的皮革棕色书架，可以遮蔽掉大部分红色，摆放的图书尽量使用中性色。搭配时还可以选用米克诺斯蓝的屏风装饰，这会让书房更加雅致。加入百合白可以有效地平衡空间色彩，而草莓冰的包布沙发可以带来柔美的女性气息。

火红色
RD 1-07

皮革棕
BN 3-01

米克诺斯蓝
BU 3-14

草莓冰
PK 1-06

爵士时代

The Jazz Age

这套配色方案表现的是美国狂飙突进的爵士时代，代表财富与权力的ArtDeco大行其道。新富阶层极尽浮夸奢华之能事：服饰、珠宝、布景、宴会，甚至是铿亮闪耀的跑车，无不渲染着那个年代的疯狂享乐。如果红色代表了穷人的逆袭，那灰色终将成为纸醉金迷、灯红酒绿后，无可避免的幻灭。

解析_男性化的设计，采用曙光银壁纸，宛如绅士的衣着，优雅而又严谨。艺术挂画让空间多了些文化气息，体现了主人的审美情趣。红色是空间最为突出的色彩，单椅、靠包都采用了火红色，与霜灰色的沙发形成鲜明对比，仿佛一团火焰喷薄而出，这也恰恰说明了主人绅士的外表下，一颗闷骚的心。

火红色
RD 1-07

曙光银
GY 2-04

霜灰色
GY 1-07

亮白色
WT 1-01

纯黑色
GY 1-01

KUALA KANGSAR
LONDON
helo

白桦林之吻

Kiss of the Birch Forest

这套配色方案，通过在大地色系中融入红色，从而让素雅安静的空间增加了活力和浪漫气息。它的灵感来自上个世纪的浪漫回忆，在白桦林中情人的拥吻，以及树上刻下的名字，是离别后最难忘的相思记忆。

解析_打造一面百合白和银桦色砖墙混搭的餐厅墙面，火红色的立柜、餐椅及装饰画点燃了空间的所有热情。餐桌脚下的苦巧克力色动物皮毛地毯增添了温暖感受。火红色也可以布置小空间餐厅，挨窗摆一件火红色沙发，搭配苦巧克力色餐桌、银桦色餐椅及靠包、米褐色墙面，以及百合白立柜和吊灯，能够塑造出更加温暖舒心的用餐空间。

花城往事

Memory of the Romance

曾经的繁花似锦，或许留下许多难忘故事，留在心底的那片花海等待着为谁打开。一生太短，一世太长。奔波于尘世的我们，渴望走出喧哗，面朝大海，看春暖花开，在自己营造的花城中寻找初心。

解析_在冬日白的基调下，Chinoiserie中国风花卉爬满了整个房间——墙面、沙发、窗帘和壁灯，沉浸在庞贝红的热情与喜气之中。选择庞贝红地毯，上面点缀着整齐的极光红几何方块。窗边的书桌要琥珀棕的，桌上要有两个中式台灯，庞贝红图案灯罩搭配墨玉色灯座。沙发正对门的中国风衣柜也以琥珀棕为主色，墨玉色为其装饰面的底色，旁边摆放一把极光红图案座椅。

ATLAS MAIOR
ISABEL MUÑOZ
MANHATTAN, USO MIXTO

酒色女人香

Woman in Burgundy

一个女人最好的情人是红酒，耐得岁月沉积，不为浮世所动。浪漫的庞贝红让女人着迷，有时不单单是因为酒本身，而是那种红色情结。它让人开心，让人回忆，也会让人失态。在一杯红酒的臂弯里，眉角染上一丝醉，两腮绽放出淡淡的笑痕。

解析_在家居中用好红色并不容易，尤其是大面积使用。这套配色方案是使用红色的典范。书房背景色以及书架颜色全部都采用了高贵的庞贝红，书桌用番茄酱红，而天花板则采用白色做对比，从视觉上增加了空间高度。地板是深灰褐色，与庞贝红很协调。远处的休息区选用了杏仁色沙发，而近处的单椅则使用了颜色较浅的沙色。

洛可可红
RD 1-06

代尔夫特蓝
BU 3-05

皮革棕
BN 3-01

鹧鸪色
BN 1-04

邦妮蓝
BU 3-07

激情年代

The Crucible

六百年前，哥伦布环游世界，带着满腔热情开创了大航海时代，一个充满冒险、充满惊奇发现的旅程，在改变历史之余，也留下了唯美浪漫的记忆。扬起的船帆被海风吹得猎猎作响，悠闲的海鸥追逐着远去的同伴。一位船长带着他的船员激动地在北美洲的陆地上载歌载舞，互相拥抱。

解析_墙面装饰采用了洛可可红色的壁纸，图案为古典田园生活的造型。卧室的地毯采用亮白色，与天花板的颜色一致，增加空间的视觉高度。部分墙壁可以使用皮革棕色的包木，与之对应的部分家具如储物柜、床头柜等也可以采用同样色彩，大件家具采用更深厚的鹧鸪色，沉稳大气。靠墙可以摆放休闲椅，采用与墙纸相同的图案，但是颜色采用清凉、深邃的代尔夫特蓝，形成冷暖对比。如果是在卧室中搭配，床品可选用清爽通透的邦妮蓝。

翩翩惊鸿舞

Flying Dance in Red

丝丝袅袅音，翩翩惊鸿舞。这种宛若鸿雁翱翔的轻盈舞姿极富优美韵味，用中国红来展现再合适不过。她吸纳了朝阳最富生命力的元素，凝结着浓得化不开的传统精髓；她沿袭了各朝各代的无尽风华，流转着独领风骚的万种神韵。

解析_中国红和孔雀蓝都是具有东方色彩的代表，高贵有内涵，令人难以抗拒。在中国红背景墙前，百合白布艺沙发、地毯以及巧克力棕边桌，都是保守的陪衬色。搭配作为强调色的孔雀蓝单人座椅和作为点缀色的橙赭色织锦缎靠包，能产生奇妙的撞色效果。一热一冷，一动一静，带来奇妙的充满想象的生活氛围。

百合白
WT 1-02
孔雀蓝
BU 2-03
巧克力棕
BN 1-01
中国红
RD 1-05
橙赭色
OG 1-03

巧克力情人

Like Water for Chocolate

这是一套专为女性设计的书房配色方案。在书房常用的棕色、灰色中加入中国红元素，消解了空间厚重感的同时，还提升了纤柔浪漫的女性魅力。

解析_少许中国红装饰既能为书房增添女性气息，又不显焦躁。在驼色的装饰墙前，布置两个中国红落地灯，亮白色壁炉台、苦巧克力色和冰川灰结合的地面，让书房主打冷静氛围。或是采用大面积驼色在墙与地面上，一件中国红抽屉矮柜、亮白色台灯和创意座椅，都能为书房提升亮度与温度。

奢华巴洛克

Luxury Baroque

纸醉金迷的奢华无法摆脱金色的烙印，优雅的流动曲线是法式巴洛克风格的精华。华丽的雕刻、庄重的格调以及对艺术设计无穷无尽的幻想，完好地保留了巴洛克的优雅灵魂。

解析_以古典绿为背景色，在墙上装饰黄水仙色画框或装饰镜，奢华气质显露出来。巧妙融入一件玛莎拉酒红沙发或地毯，呈现出客厅的尊贵感。冬日白灯罩或壁炉以及纯黑色边桌，都为空间色彩带来平衡效果。

古典绿 GN 2-03

黄水仙色 YL 1-04

冬日白 WT 1-03

纯黑色 GY 1-01

玛莎拉酒红 RD 3-02

黄水仙色
YL 1-04

中国红
RD 1-05

奶油糖果色
OG 2-03

玛莎拉酒红
RD 3-02

万年青色
GN 1-01

马孔多记忆

Memory in Macondo

在拉丁美洲神秘的大地上，有一个子虚乌有叫做马孔多的地方，它经历了百年沧桑和孤独的宿命，见证了布恩迪亚家族的兴衰。这是魔幻现实主义小说《百年独孤》中的场景。这样的配色既体现着热情奔放的民族性格和天马行空的想象力，同时又在喧嚣的背景下，隐藏着许多不为人知的故事。

解析_作为卧室的背景色，用流行色玛莎拉酒红墙面搭配黄水仙色天花板及吊灯，注定将带来一股异域风情。浓烈的色彩，适合开朗奔放的性格。墙上装饰也很重要，除了床头古典的雕花镜子，素雅的装饰挂画也有效平衡了过于浓郁的背景色。中国红印花图案地毯色泽鲜艳，结合奶油糖果色皮革床头板和万年青色格子床品加以中和。总体而言，这是一个充满个性和地域化的配色方案，喜欢异域风情的家居爱好者，不如放手一试。

IRVING PENN
LEONARDO DA VINCI

冬日白
WT 1-03

黄水仙色
YL 1-04

皮革棕
BN 3-01

玛莎拉酒红
RD 3-02

树梢绿
GN 3-01

醉人的西西里

Marsala Red of Sicily

德国著名作家歌德曾说过：“如果不去西西里，就像没有到过意大利——因为在西西里你才能找到意大利的美丽之源。”在西西里，除了碧海蓝天、地中海阳光，片片接天的葡萄庄园和空气中浓烈的葡萄酒气息也是这迷人风景中的一部分，醉人的玛莎拉酒红便来自于此。

解析_在这个安静的餐厅里，玛莎拉酒红餐椅仿佛一串诱人的宝石，天生的精致感与优雅气质使其更具魅力。背景墙和沙发座椅采用冬日白，黄水仙色的装饰画、花瓶和餐桌支柱为空间加入一丝贵气。皮革棕的餐桌台面上摆放着树梢绿的鲜花装饰，让这个有格调的餐厅呈现出令人陶醉的自然气息。

橙色系

Orange color collection

活力四射的动感精灵

色泽明媚而温馨，调性火热而欢快，介于红色与黄色之间的橙色，用最朴实的语言诉说着最动人的情话。色泽亮丽的橙色，作为暖色系中最温暖的颜色，在家居搭配中，有着至关重要的地位。满目的橙色背景，让人联想到那硕果累累的金秋季节，幸福而欢快。惹人注意的橙色点缀，与柔和的色彩相搭，活力满满，温馨醉人。

亮白色
WT 1-01

巧克力棕
BN 1-01

海蓝色
BU 3-12

芹菜色
GN 3-06

镉橘黄
OG 1-07

海滨假日

Seaside Vacation

夕阳下的海滨，植被与岩石被一层橘黄色笼罩，仿佛在海湾的怀抱中沉睡。岁月的痕迹从不显山露水，它以一种柔和的色调，传递着温暖与舒适的感受。散落在沙滩的贝壳、海星寂寞地等待着回归海洋。海面上船只升起白帆，海水即将涌来。

解析_这是一套带有度假风情的配色方案，无论是从空间的色彩分布上看，还是从家具摆设的风格入手，皆可探寻。镉橘黄充当墙面以及茶几的主色，甚至是细小的相框装饰。亮白色体现在天花板的横梁与休闲椅内侧的坐垫，以及单个的沙发和其他装饰物件之上，深沉的巧克力棕则是休闲椅面与立柜的颜色，能够很好地将视线聚焦在中心位置。海蓝色和芹菜色充当点缀，放置在沙发、长椅上的靠包与沙发巾，带来一丝清新魔力。

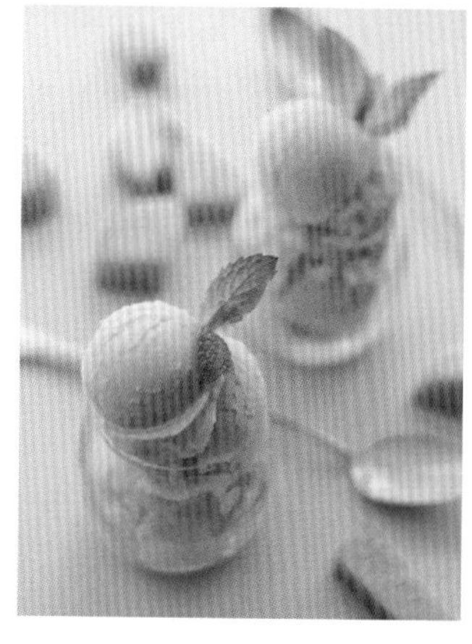

CONSTANTINOPLA

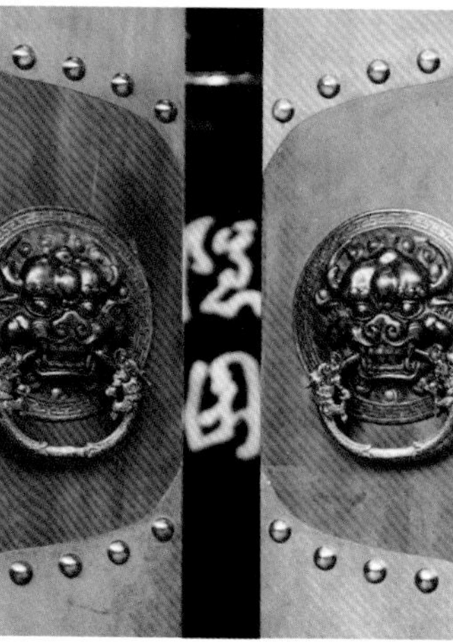

流金岁月

The Golden Times

那是时间刻意淡化的历史细节，保留一番韵味风情。旧上海是整个西方世界最为迷恋的中国象征，世人眼中的东方巴黎。它让人联想起旧时光的歌舞升平、车水马龙。那些梳着齐刘海、体态曼妙的东方美人，带着精致妆容，穿着勾勒曼妙曲线的旗袍，与街道两旁的法国梧桐构成靓丽风景。

解析_很难想象橙色也能搭配出如此奢华瞩目、富于东方情调的装饰效果。整个空间的布局以对称的形式呈现。整体色调以暖色为主，以柑橘色充当背景色的墙壁，配以米褐色的沙发、凳面和地毯。墙壁上使用中国红的装饰画，并与两旁的灯具罩面和灯身相呼应，亚当风格的军刀椅也分布在两旁。米克诺斯蓝是强有力的点缀色彩，浓郁深沉，并与整体暖色的布局形成强烈对比。纯黑色同样作为点缀，出现在小饰品上。

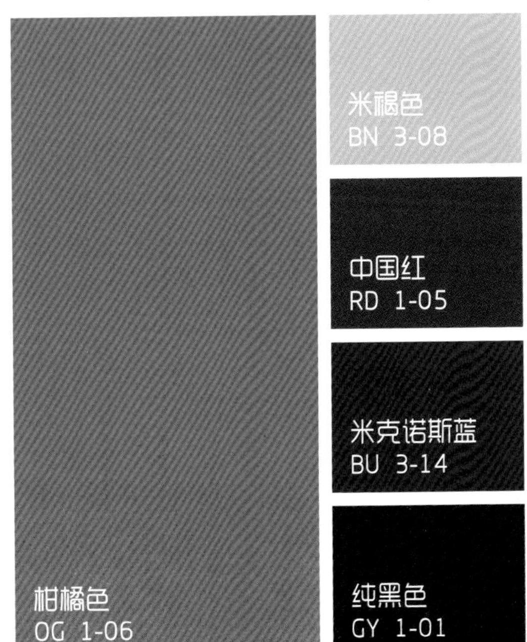

龙舌兰日出

Tequila Sunrise

龙舌兰日出是一款让人联想到墨西哥朝霞的热情鸡尾酒。黄与红的过渡，利用石榴糖浆在龙舌兰酒中的比重营造出日出的美丽景象。不仅是名字，它的气味也温柔地保留了龙舌兰酒的独特个性。如果希望从美好的朝阳中找寻希望、得到活力，不妨来一杯龙舌兰日出。

解析_让橙赭色的墙面漆占据视线的大部分位置，与阳光色的踢脚线包墙装饰过渡衔接。巧克力棕的床垫与地毯，以及灯罩装饰，可以带来安心、温暖感受。虎皮百合红与皇家蓝是空间中最显眼的颜色，用作点缀，呈现在椅柱、靠枕和单椅表面，甚至是柔软的毛毯之上。这套配色于平常的生活中并不常见，敢于尝试的人，没准你会爱上它。

橙赭色
OG 1-03

巧克力棕
BN 1-01

阳光色
YL 3-04

虎皮百合红
RD 2-03

皇室蓝
BU 1-05

权力游戏

Game of Thrones

这套配色方案源自电影《伊丽莎白》。橙色表现出主人公的性格演变——首次出场时还只是一个孩子，结尾时，她已经成为历史上最强有力的君主之一，而定义她的色彩也从一开始的橙色变成最后的红色。那个在草坪上自在起舞，橙色头发被金色阳光笼罩的天真少女消失了。

解析_在家居设计中大面积使用橘色比较少见，这套配色方案中，墙面使用了赭橙色作为背景色，这也为设计打下了古典而浪漫的基调。亮白色是它的首选搭配，家具陈设采用了混搭的方式，古典的极光红木器家具搭配现代的包布沙发。壁挂也采用了古典饰品，加入浅松石色的墩椅和靠包作为前缀，整个空间既有宫廷的优雅，又具备现代的情调。

橙赭色
OG 1-03

亮白色
WT 1-01

纳瓦霍黄色
YL 3-08

极光红
RD 1-04

浅松石色
BU 2-08

田园秋色

Autumn Garden

远离城市的坚硬线条，漫步乡野，倾听风吹过田野，麦浪发出的声音，那是金色的波浪涌动，偶尔会夹杂着一大片橙色的落叶飞舞，追逐着高天上的流云。玉米的棕褐色胡须飘扬，高高矮矮的菜田泛着层层油绿。这套配色方案来自乡野，融入自然，为家居带来田园诗意。

解析_黄金稻谷，颗颗饱满荡漾艳丽光泽；缤纷果实，累积田园丰收的喜悦。活力橙唤醒你的想象，那是映入眼帘的无边秋色。亮白色占据空间的绝大部分，以活力橙为主要搭配色，呈现在花纹壁纸、床头板和床品之上，爱马仕橙与活力橙有着细微的差别，但两者分别作点缀色，则更显层次。杏仁色的床板框架与放射状的墙壁装饰组合，增添一丝靓丽活跃。

爱马仕橙
OG 2-01

亮白色
WT 1-01

杏仁色
BN 3-03

活力橙
OG 1-05

沙色
BN 4-07

名流派对

The Party of Celebrity

香槟美酒，觥筹交错之间，传来多少秋波柔情。璀璨之夜，华服耀眼之际，享足珍馐盛宴。淑女的高跟鞋，绅士的燕尾服，在这场追逐欲望与名利的戏码中，格外刺眼。

解析_Art Deco装饰艺术下的现代都市风情。室内家具笔直流畅的线条，精致细腻的材质纹理，搭配着活力橙的现代餐桌和冰川灰的椅凳装饰，让空间呈现出一种只有上层人士才有的奢侈生活方式。赭黄色的天花板，有着强烈的耀眼光泽，和着同样是赭黄色的几何形纹路的壁纸，将会格外地吸引人。

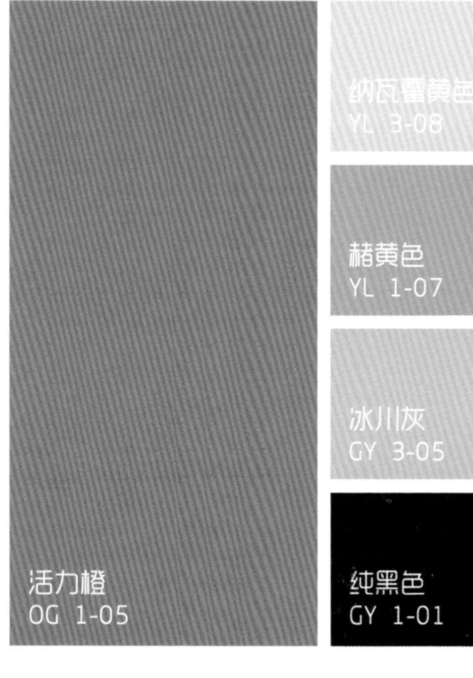

绅士家园

Gentlemen Home

黑白高脚礼帽，金字印裱的手杖，皮革牛津鞋，小指尾戒……举手投足之间，绅士风度的优雅俱显。男人的家，就应该有着深刻的表现张力，如此的硬朗化，充满男性气质。

解析_地毯常常容易被人忽略，看似不起眼的它其实在家中占有重要地位。好的地毯搭配让你有宾至如归的感觉，像是一位仆人专候你的到来。爱马仕橙的窗帘与地毯的组合，就是这样的恰到好处，能够让你的目光自然停驻在这抹亮色之中。亮白色的沙发组合和沙色木质墙壁，以及巧克力棕的装饰画等，这些都是打造家居成熟气质的不错选择。

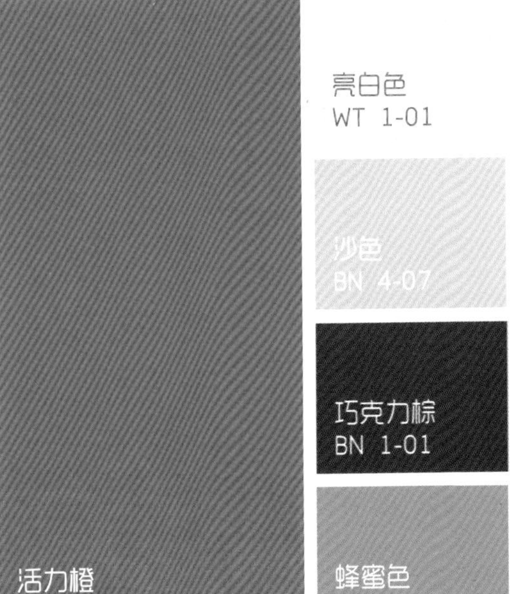

焕彩人生

Colorful Life

橙色积极乐观的属性，点亮了生活中灰暗的角落，即便是颓垣断壁，依旧可以映照着过往的繁华灿烂。这套配色方案，活泼而庄重，艺术而接地气，在平静中揉入优雅韵律，带来岁月的共鸣。

解析_爱马仕橙的时尚热力能够轻松渗透进家居里，大面积的橙色窗帘与床品形成呼应，凝聚无限活力。蜂蜜色纹理壁纸作为空间装饰的重点，与墨玉色的现代化几何纹屏风、床头柜和装饰物件形成强烈对比。浓重的色彩，带来随之而生的现代风情。另外，宝瓶蓝带来的跳跃感，成为空间里无法忽略的一抹异域色彩。

爱马仕橙
OG 2-01

亮白色
WT 1-01

皮革棕
BN 3-01

墨玉色
GY 1-02

荷兰风车

Windmill of Holland

有一种风景，静静地竖立在地平线上，远远望见，仿佛童话世界一般。跟随风儿的脚步，重复着迎接清晨，追逐落日的旋律，那是荷兰的风车，带给游人无数的梦幻与想象力。

解析_儿童房的乐趣作为大朋友的你也能感受到，因为有爱马仕橙色的炫酷加入，怎能不吸引人？爱马仕橙的竖条纹联结棕色麻绳装饰，悬空床的设计更有着荡秋千般的乐趣，加上墨玉色的家具和皮革棕色的床板，简约但绝对不随意！

黄色系

Yellow color collection

温馨正能量

如阳光般温暖的黄色是乐观主义的性情，带来生命的喜悦，收获的甜蜜。它赋予空间温度和能量。从性情温婉的纳瓦霍黄到热情丰收的玉米黄，还有充满能量的含羞草花黄，它们或怀旧或现代，或传统或时尚。当它与暖色搭配，活力与温馨表现得淋漓尽致；而与冷色调碰撞，冷暖平衡中可以感受浪漫静谧之美。

亮白色
WT 1-01

邦妮蓝
BU 3-07

罂粟红
RD 1-08

奶油色
YL 3-05

玉米黄
YL 2-03

光阴的故事
In our Time

罗大佑在《光阴的故事》中，利用流行的乐感带着怀旧气息的方式传递给我们一种温暖而美好的感觉。如同沐浴在奶油色的阳光里，呼吸着微风带来的阵阵花香，享受着难得的悠闲。

解析_这套配色方案特别适用于一个现代简约的卧室。利用奶油色的柔和感搭配鲜艳的强调色，把温馨的摩登格调融入到现代卧室中。以奶油色为卧室的背景色，选择素雅明亮的亮白色作为基本配色，在床头柜、床品、台灯、窗帘的选择上使用亮白色，使用有质感的奶油色墙纸和地毯。床品选择选择与亮白色很搭的邦妮蓝，清爽明亮。在花瓶中插入玉米黄色的花朵。为了给方案注入时髦元素，家具要选用充满北欧古斯塔夫风情的亮白色梳妆台和座椅，同时墙上可以装饰充满后现代气息的装饰品。

纳瓦霍黄色
YL 3-08

深灰蓝
BU 4-02

奶油糖果色
OG 2-03

奶油色
YL 3-05

杏仁色
BN 3-03

香槟派对

Party and Champagne

淡淡的奶油色，明亮而干净，温暖而热情，仿佛杯中的香槟酒，让人陶醉。在塑造浪漫的怀旧氛围时，与棕色印花织物和提亮空间的蓝色、金色搭配使用。

解析_温和舒缓的色调，浅雅柔美的材质选取，让整个环境氛围凝聚优雅气质，像是一捧盛开的香槟玫瑰。奶油色交织竖纹深浅搭配，纳瓦霍黄色的布艺底色镶嵌杏仁色的编织花纹，配合深灰蓝与奶油糖果色的靠垫，显眼的撞色对比，既强烈而又和谐，古典风格的沙发座椅与现代茶几的结合，一柔一刚，不一样的轮廓曲线，汇聚出动人风情。

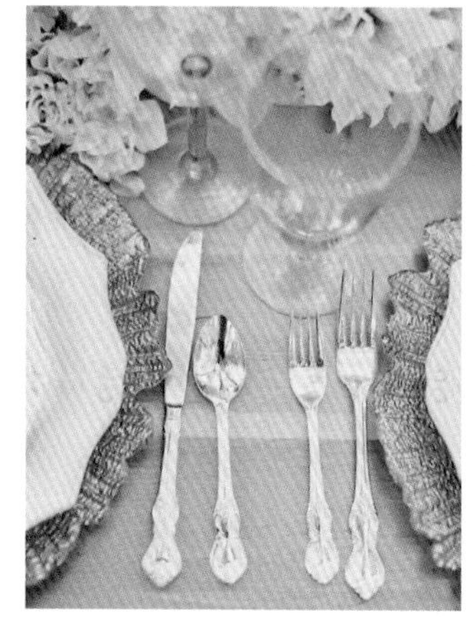

草绿色
GN 1-06

皇室蓝
BU 1-05

黄奶油色
YL 2-08

玛格丽特
Margaret

1949年，鸡尾酒冠军Jean Durasa为怀念自己的恋人而设计了一款鸡尾酒，名叫玛格丽特。酒的颜色微带青柠的浅黄，酸涩中沉淀着苦涩的眼泪，[illegible]，伴随着酒杯边缘上象征泪水的盐，形成了寓意独特的[illegible]，酸酸甜甜的口感，像是幸福和忧伤掺半，这款鸡尾酒能让每一个人回忆起心底的忧伤，每一小口喝下去，那滋味就会融化在舌底，任一段时光回流。

解析_晚霞色与纳瓦霍黄色因为微小的色差，在不同程度上起到自然过渡的作用，墙面木作以及在窗帘和单椅用色上，很好地体现了这一点。栗色的地板上铺设草绿色的地毯，与淡雅的背景色呼应。醒目的皇家蓝沙发搭配明亮瞩目的奶油黄茶儿，高调艳丽，与整体淡雅的背景色形成鲜明对比，丰富了空间层次感，避免单调性。

BATIK

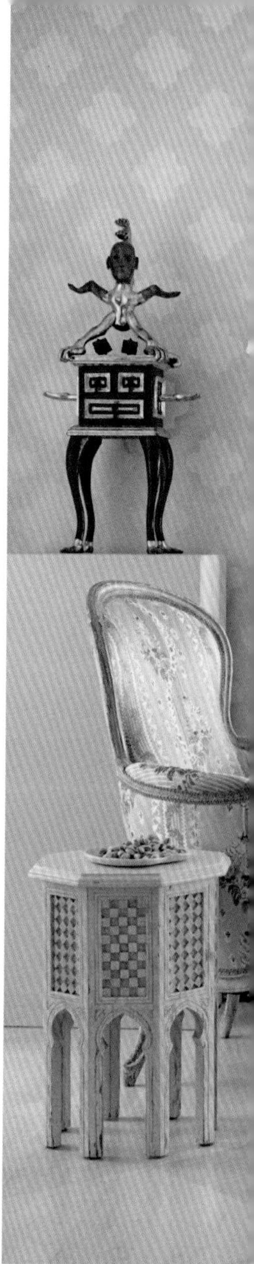

Vincent

梵高的向日葵

Vase with Fifteen Sunflowers

《向日葵》是梵高在阳光明媚的法国南部所作，画面中充斥着明艳，让观者心灵为之震颤。花朵画得火红火红，像一团团燃烧的火球；黄色的花瓣像太阳放射出的耀眼光芒，笔触粗厚有力，色彩对比单纯而强烈，充满灵气和激情的同时，激情也如同画面一般喷薄而出。

解析_黄色给人精力充沛、活力四射的感觉，喜欢热闹与陪伴，钟情暖色调的人不妨尝试。山杨黄有着较高的饱和度与明度，与热情洋溢的火红色衔接，让人精神为之一振。除了晚霞色的壁纸外，亮白色的辅助搭配也是空间的重要组成部分，反映在家具表面和布艺装饰上。灰绿色则是整个暖色区域的唯一冷色，以起到缓解色彩单调性的作用。从风格上讲，倒有一番中西合璧的韵味，几丝风情在里头。

山杨黄
YL 2-06

亮白色
WT 1-01

火红色
RD 1-07

晚霞色
YL 3-09

灰绿色
GN 4-06

浮华之夜

The Glitz of the Night

它走出古典的束缚，用浪漫的姿态去追求自由。它用宏伟、生动、奔放的情怀去雕琢生活，足下莲花，每一步都是艺术精品。在漆黑的夜晚，它用黄金和珠宝打造光芒，这是自由之夜、纵情之夜、浮华之夜。

解析_巴洛克的雍容奢华毋庸置疑。源起于意大利并用于表现罗马教会财富的艺术风格，在室内设计领域更是赋予家居男性化的力量感受。当巴洛克邂逅成熟稳重的纯黑和安道尔棕，加上金色华丽装饰的浮夸表现，一首壮丽的史诗娓娓道来。

纯黑色
GY 1-01

蜂蜜色
YL 1-03

曙光银
GY 2-04

晚霞色
YL 3-09

安道尔棕
BN 2-01

百灵鸟色
BN 3-05

柠檬糖果黄
YL 2-02

帝王蓝
BU 3-03

金橄榄色
GN 3-07

乔治的博物馆

Museum of George

解析_这套配色方案整体看上去淡雅、温馨。作为乔治时代的设计，今天看来依旧有许多可取之处。空间背景采用了纳瓦霍黄，既有尊贵格调，又不张扬。百灵鸟色的古典壁纸，沉稳庄重。18世纪的英国，已经尝试着探索东方世界，于是中国的青花瓷器流入英国上流社会，成为家居设计上重要的装饰物。金橄榄色的单椅和靠包成为空间中出挑的点缀，雅致、醒目。

半暖时光

Half the Time

在半明半暗，半冷半暖的漫漫时光中，没有百分百的幸福，也没有百分百的痛苦。总是既有快乐也有忧伤。于是你需要一个柔和的、温暖的、舒适的空间，来包裹自己，容得下你的梦想，也能收藏你的回忆。纳瓦霍黄作为柔和美妙的色调，向来适合营造半暖时光。

解析_纳瓦霍黄色温暖甜腻，海蓝色清澈而透明，好比碧空下，柔软干净的白砂粒。纳瓦霍黄色用于主色渲染，为家打造舒适温暖的基调，可用在卧室地毯、床幔、窗帘、床品等布艺产品之上。海蓝色与亮白色是不可或缺的协调色彩，体现在墙壁用色和主要软装家具上，起到区分层次、营造优雅氛围的作用。黏土色和栗色作为室内家具的框架呈现，或在地毯和茶几的选色上皆可用到。

纳瓦霍黄色
YL 3-08

海蓝色
BU 3-12

亮白色
WT 1-01

黏土色
BN 2-08

栗色
BN 1-03

含羞草花黄
YL 1-08

深牛仔蓝
BU 4-01

橄榄绿
GN 3-03

深紫红色
PL 3-02

森林绿
GN 4-01

麦地

Golden Wheat Field

秋天里，麦浪滔[illegible]，晨曦或者夕阳当中，一块块金黄麦田，令你有如置身于金碧辉煌的仙境之中。淳[illegible]，滚滚的麦浪，你可以感受大地的辽阔与[illegible]的存在，这里是[illegible]的季节和秋天的性情。

解析_蓝色加黄色的强烈对比，作为经典的撞色系列，能为家带来恢弘的视觉体验。以牛仔蓝作为墙壁铺色，含羞草花黄色选作沙发和窗帘的主要用色，另外，橄榄绿和深紫红色，以及森林绿的细节点缀，带来更为丰富的色彩层次，多重组合，吸纳互补。

性感现代派

Sexy Art

解析_整个空间的设计散发着现代派画作般的艺术气息。粉黄色作为墙壁铺色，抽象元素的运用重重叠叠，凸显在每一处细节之中。含羞草花黄的窗帘则悬挂在阳光通透的窗棂之上，垂坠落地的设计大气美观，纯黑色与杏仁色的家具摆件，配合一点儿菠菜绿的点缀，更为跳跃、出彩。

含羞草花黄
YL 1-08

菠菜绿
GN 3-04

杏仁色
BN 3-03

纯黑色
GY 1-01

蓝光色
BU 2-06

帝王蓝
BU 3-03

黄水仙色
YL 1-04

纯黑色
GY 1-01

柠檬糖果黄
YL 2-02

日暮归途
The Way Back

解析_柠檬糖果黄的浓郁让人联想起河西走廊的风沙热浪，两千年的古老文明和日复一日的夕阳，绚丽而悠长。蓝光色和帝王蓝在柠檬糖果黄的底色上格外醒目，是带有戏剧化般效果的浓重对比。所以墙面在使用柠檬糖果黄的基础上，多人沙发也选用相同颜色，主要家具如边桌、边柜可用同一色系下的黄水仙色。但是窗帘和单人沙发可以用轻盈明亮的蓝光色，并且多人沙发上的靠包也使用蓝光色点缀。地毯用古典的帝王蓝图案花纹，搭配纯黑色茶几，古朴的气韵更为浓厚。

逆世界

Upside Down

耀眼的逆光，渲染整个世界，那些睁不开眼的都是梦想。天晴的时候，光芒穿过斑驳的树影，细细密密地洒在身上；天阴的时候，微风吹开发丝，你呼吸着世界的玄妙，感受自己与整个宇宙的联系。

解析_卧室的墙壁使用手绘山杨黄色丝绸墙纸装饰，推荐采用美国著名家纺品牌Lee Jofa的壁纸。搭配透明黄色羊毛地毯。床头板的色彩与墙纸用色一致，在亮白色床头柜的衬托下，更显尊贵之气。在床头柜上点缀中国风的台灯，采用经典蓝的青花底座搭配珊瑚金的灯罩，而墙壁上的镜子也最好选择中国风的造型。如此完美的配色加上Lee Jofa的浪漫印花，让空间获得新的意义。

透明黄色
YL 3-07

亮白色
WT 1-01

珊瑚金
OG 1-04

山杨黄
YL 2-06

经典蓝
BU 3-02

银杏之舞

Dance of the Ginkgo

秋天里，银杏叶漫天飞舞，作为古木之王，它见证了多少世间的喜和多少人事兴衰。人生一世，草木一秋，银杏以顽强的生命力延续千百年，让人在敬畏自然之余，更加珍惜当下的美好。银杏之舞的背后，是所有的对时光都下该留恋的情谊。

解析_玉米黄透过餐椅坐垫、抽象挂画和窗帘，以及几何灯饰，带来显眼的装饰效果，银灰色可以用作长椅的纹饰表面，或者以单椅坐垫、靠背的用色，甚至是地毯的方式展现，玳瑁棕与纯黑仍作主流经典搭配，体现在木质扶手、餐桌和边角柜处。

玉米黄
YL 2-03

亮白色
WT 1-01

银色
GY 1-08

玳瑁色
BN 2-04

纯黑色
GY 1-01

闲中花鸟

Leisure Time of Flower and Bird

中国文人雅士常常喜欢远离尘世，徜徉山光水色，于山水花鸟中融化悠悠情怀，于一亭一榭中寄托殷殷情愫。这套配色方案从花鸟意境中寻找色彩灵感，轻盈灵动，意味悠长。

解析_浪漫的Chinoiserie法式中国风墙纸结合蜂蜜色的金色基调，能让餐厅焕发尊贵光彩。墙纸上的代尔夫特蓝与杜松子绿图案，可以产生更加自然、亲切的化学作用。木质门和地板的色彩选择玳瑁色，房间中央放一张同色餐桌和几把餐椅。地面铺上以奶黄色为主、代尔夫特蓝为辅的图案地毯，增添温馨的豪华感。

蜂蜜色
YL 1-03

玳瑁色
BN 2-04

奶黄色
YL 3-02

代尔夫特蓝
BU 3-05

杜松子绿
GN 4-03

晚风

Evening Breeze

晴空万里，夕阳西下，清凉的晚风吹过，带来阵阵花香。坐在窗前，仰望着渐渐升起的明月，数着漫天的星星，晚风吹拂，打开了久违的记忆之窗，托起无数个景象，一阵晚风，一段记忆，一分遐想。

解析_粉黄色为底、活泼向日葵花生长、蔓延的床幔，与装饰在墙壁上的老旧画作遥相呼应，整个空间呈现出一种温馨舒适之感，无论是玳瑁色的椅凳表面、装点在太妃糖色沙发之上的靠垫，还是交织在墙壁花纹里，灰蓝色的注入，都使空间色彩更为平衡，不过分浓烈，却又突出瞩目。

粉黄色
YL 3-03

柠檬汁黄
YL 2-07

太妃糖色
BN 3-04

灰蓝色
BU 4-03

玳瑁色
BN 2-04

风卷沙丘

Blowing Sand Dunes Away

金灿灿的沙丘宛如休憩在大地上的条条巨龙，连绵起伏，变幻莫测，与之相伴的是蓝天、白云和风。这套配色方案，运用于客厅，可以提高居室的温度，增添空间质感。

解析_客厅墙面选择漆成没有金属光泽的橡木黄，可以衬托出空间中央的冬日白古典沙发。靠墙摆一把极光红印花单人座椅，搭配上孔雀蓝靠包与花瓶装饰，为客厅营造出古典情调。除了家具选用美式古典布艺之外，墙壁上的挂画也很重要，采用金色画框的艺术挂画，在增添高雅格调的同时，也让墙面更加丰富美观。

冬日白
WT 1-03

极光红
RD 1-04

孔雀蓝
BU 2-03

橡木黄
YL 1-06

金色
YL 1-02

绝代双骄

Legendary Siblings

解析_铺一墙赭黄色壁纸，上面爬满了凯利绿和画眉鸟色枝叶的蜿蜒植物，精致又有生气。优雅的床头板、床裙、床尾凳都采用凯利绿，搭配亮白色的床品，烟灰色的地毯，完美中和了空间里的鲜亮色调。装饰镜以及飘窗都可以使用凯利绿包布，营造出尊贵明艳的宝石光彩。这样的卧室，仿佛让人置身于花园、丛林一般，鸟语花香，自然和谐。

赭黄色
YL 1-07

凯利绿
GN 1-04

亮白色
WT 1-01

烟灰色
GY 2-03

画眉鸟色
BN 2-06

皮革棕
BN 3-01

柔和蓝
BU 3-13

深灰蓝
BU 4-02

赭黄色
YL 1-07

橘红色
RD 2-02

为了生命之光，欲念之火，走在漫长的旅途上，做无根漂泊的异乡客。青春时期的我们，曾无数次做过这样的梦，在这个巨大梦境中步履不停。梦是没有边界也没有终点的，它容得下所有幻想和期望，它成为逃避现实的躯壳，也成为抗拒时间的护甲。

解析_梦幻的赭黄色，宽广辽阔，它作为墙面的装饰色彩，让人梦回大地怀抱。它搭配皮革棕色的包布沙发，温暖舒适，而添加一组冷色调的深灰蓝茶几和柔和蓝靠包，丰富了空间的层次性。沙发后面可以悬挂一大幅柔和蓝的风景挂画，柔和而辽阔的视觉感受，无疑拓展了空间的深度和广度。点缀一把橘红色的单椅，不经意间，你的目光便会被它深深吸引。

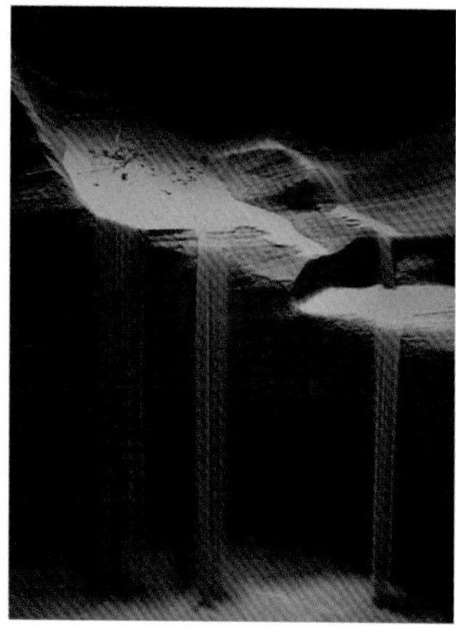

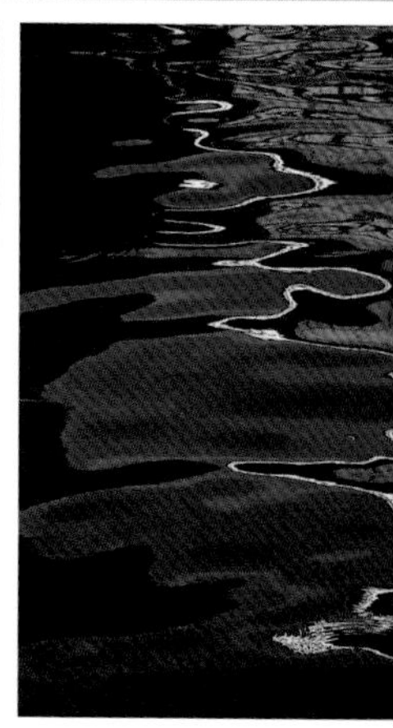

棕色系

Brown color collection

温文尔雅的低调

源于大地色系的棕色，色调温润柔和，沉静内敛，让人联想起茂密的丛林，裸露的木材，充满质感的皮革。它的沉稳与低调在家居搭配中有着举足轻重的地位，它既可以与帝王蓝的高贵相协，和晚霞色的温馨相伴，又可以突出中国红的热情，凸显珊瑚粉的清新浪漫。它温文尔雅的绅士情怀，传承着自然的宽广包容，成为家居中无法或缺的色彩。

亮白色
WT 1-01

纯黑色
GY 1-01

蓝紫色
PL 2-04

灰褐色
BN 4-03

珊瑚粉
PK 2-03

都市中性美学

Neutral Aesthetics of Urban Life

当你看腻了花花绿绿的醒目色彩，随性百搭的中性色能散发出回归自然的朴实气息；当自然风情碰撞都市美学，怡然清雅的生活态度能为现代都市人打造出另一种精致与优雅。

解析_在一个相对狭小的空间里，完美的对称关系为家居带来了美妙效果。自带温度的灰褐色占据了整个卧室的墙面与地毯色彩，搭配上亮白色的床幔，可以造成宽敞而明亮的视觉感受。亮白色的床头柜和台灯与床品搭配，简单、实用又精致。床品上采用多变的纯黑色线条与几何图案，给人一种干净利落的舒适感受，是都市家居生活的经典配色选择。床尾的两件蓝紫色坐凳，以及床上的珊瑚粉薄毯，巧妙地为室内增添了一种典雅气息。

AMERICAN FASHION
IN THE PINK
WALLPAPER
A THOUSAND DOGS

抽象艺术

Nonobjectivism

这套配色方案的灵感来自于现代艺术家的画作。看似大胆张扬的配色，在实际运用中却充满了舒缓优雅的感觉。设计师通过不同色彩，一方面将空间的层次感表现得游刃有余，另外也将艺术气息融入到家居气氛之中。

解析_如果你喜欢棕色系家居，但又不想色彩太过沉重，那么选用浅棕系月光色墙面一定会带来格外舒适的感受。在沙发旁布置一件现代屏风，火红色和赭黄色色块点缀在巧克力棕色框架中，这种明亮的色彩搭配一下子点亮了客厅气氛。又或者是在月光色的客厅里，采用姜饼色沙发，搭配火红色靠包，正好与座椅及挂画色彩一致，这种色彩搭配营造出丰富的视觉层次感。

云雀之舞

Dance of Lark

云雀沐浴着阳光飞行，在湛蓝的天空里，留下孤独的身影。它的歌声婉转，回声嘹亮，响彻山谷。这样的自然场景成为了家居配色的灵感来源，蓝白配色带来宁静与辽阔感，而棕色背景让空间定格在温婉的氛围中。

解析_温馨的百灵鸟色永远不会让家显得呆板。在卧室里，墙壁和地毯都采用百灵鸟色，装饰对比强烈的米克诺斯蓝挂画和黄昏蓝台灯、靠包，温暖和冷静并存。亮白色的天花板、画框及床品为卧室色彩带来了平衡。又或者在百灵鸟色墙面的卧室中，选用亮白色床品和床尾柜，搭配米克诺斯蓝床头板及同色格子窗帘、两个座椅，营造出沉着自然的卧室色彩。

百灵鸟色
BN 3-05

米克诺斯蓝
BU 3-14

黄昏蓝
BU 4-04

亮白色
WT 1-01

苦巧克力色
BN 1-02

故国秋色

The Autumn Scene of Motherland

大地色系的太妃糖色，常使人想起故乡广袤的大地、山川。它非常适合用于田园气质的家居，与砖石、泥土以及木材浑然一体，充满自然的温暖气息。站在窗前眺望远方，故国神游，仿佛可以看到家乡的无边落木，秋叶飞舞，苍茫的天际鸿雁南飞，天穹下矗立着朝思暮想的恋人身影。

解析_充满田园风情的家居是不少人的梦想，远离闹市，归隐田园。太妃糖色与晚霞色是打造田园家居的最佳色彩。以晚霞色作为家居背景色，以太妃糖色作为家居的主要色调，如沙发、窗帘、地毯等。裸露的实木材质以及砖石也是打造田园感的重要方式，尤其是玳瑁色的实木材质，更贴近自然，与柔和温暖的太妃糖色相映成趣，仿佛可以嗅到田野和森林的气息。点缀色推荐使用中国红的靠包或者菠菜绿的单椅，可以很好地提亮空间，而且优雅醒目。

太妃糖色
BN 3-04

晚霞色
YL 3-09

菠菜绿
GN 3-04

中国红
RD 1-05

玳瑁色
BN 2-04

AMERICAN FOLK PORTRAITS

锦衣莲意

Water Lily

《睡莲》是莫奈一生中最辉煌的史诗。在他的笔下，水好似一匹会流动的织锦缎，富丽堂皇又变幻莫测。而睡莲仿佛在诉说往事，轻声呢喃之中，勾起人们对旧时光的种种回忆。

解析_太妃糖色是一种介于棕褐色与沙漠色之间的琥珀色，将它用于护墙板和窗帘上，充满着典雅与温情。护墙板上方的墙纸，采用了出自莫奈之手的油画《睡莲》，这也是房间最大的亮点。由于它由米克诺斯蓝、景泰蓝和树梢绿组合成了一幅复古色调，尤为引人注目。摆一把火烈鸟粉天鹅绒座椅和几盆同色绣球花，整个空间看上去好似一片湖边美景，带你邂逅一段难以忘怀的旧时光。

米克诺斯蓝
BU 3-14

景泰蓝
BU 3-06

火烈鸟粉
PK 1-07

太妃糖色
BN 3-04

树梢绿
GN 3-01

OS ANGELES
CALIFORNIA

失落的茶马古道

The Lost of Tea-Horse Road

充满传奇色彩的茶马古道蜿蜒在人迹罕至的高原，穿越名山大川，途经寺庙与草原，它曾是沟通强大的中原王朝和西藏游牧民族的古老贸易通道，连接着遥远的村镇与部落。经历岁月消磨，日晒雨淋，植物蔓生，茶马古道逐渐消失殆尽，已成遗迹。从这套配色方案中，我们依稀可以想象当年繁荣的茶马贸易。

解析_客厅使用具有砂石感觉的米褐色墙纸，暗藏的大理石纹理，仿佛把你带入到蜿蜒的山间峡谷当中。地毯同样采用了米褐色，与墙面融为一体。为了提亮空间，同时加入冷色调平衡空间视觉温度，所以选用帝王蓝色的包布转角沙发，茶几和书桌也采用黄水仙色边框装饰。在沙发上摆放温馨的杏仁色靠包作为点缀，与蓝色形成对比，而室内摆放的貂皮色墩椅也增加了空间的厚重感。另外，在墙上摆放挂画，可以让墙面富于变化，同时能带来更强烈的艺术气息。

米褐色 BN 3-08

帝王蓝 BU 3-03

黄水仙色 YL 1-04

杏仁色 BN 3-03

貂皮色 BN 2-02

沙色
BN 4-07

玫瑰红
RD 3-06

庞贝红
RD 1-03

古巴砂色
BN 4-05

纯黑色
GY 1-01

瓦尔登湖

Walden Pond

瓦尔登湖如同一轮朝阳，一个青春的命运女神，叫人为之神往，为之倾倒。梭罗在湖边小木屋旁开荒种地，春种秋收，自给自足，他与湖水、森林和飞鸟对话。其实，每一个人都在寻找自己的瓦尔登湖，一个灵魂的故乡。

解析_书房的墙面木作采用天然古巴砂色，木质的淡淡清香在书房中若隐若现，镶嵌式的书架与木作完美融合。建议你按颜色整理书籍，不管大小或主题，只用颜色来分类书籍，创造色彩的趣味。沙色地毯，搭配沙色的单人沙发，简洁温馨。书房的休闲塌上用玫瑰红色垫子作为装饰，搭配同色靠包。空间使用庞贝红色的一对小几作为点缀，古色古香，搭配纯黑色的古典漆皮小柜，为现代家居中加入了一抹亮丽的中式风情。

波浪谷

The Wave

美国亚利桑那州北部，有一个由数百万年的风、水和时间雕琢而成的砂岩的奇妙世界，叫做波浪谷。它随平原上升，加上漫长的风蚀、水蚀，峡谷里砂岩的层次逐渐清晰地呈现出来。平滑的、雕塑感的砂岩和岩石上流畅的纹路创造了一种令人目眩的三维立体效果，也创造出一种温暖的自然色彩。

解析_棕色搭配蓝色，往往可以产生醒目而镇定的效果，这种配色很适合运用在卧室和儿童房中。墙面采用黏土色和纳瓦霍黄色条纹壁布作背景，与之紧密相连的床也采用了黏土色。床品和地毯采用代尔夫特蓝条纹装饰，同色系的深牛仔蓝用于床尾凳。床中央的罂粟红装饰画是空间里唯一的醒目色彩。整体空间简单不复杂，浅棕色带来的放松与蓝色的沉静很好地融合在一起，既适合休息也适合静心阅读思考。

纳瓦霍黄色
YL 3-08

代尔夫特蓝
BU 3-05

深牛仔蓝
BU 4-01

罂粟红
RD 1-08

黏土色
BN 2-08

香薰色
BN 3-06

奶油糖果色
OG 2-03

极光红
RD 1-04

魅影黑
GY 1-03

亮白色
WT 1-01

叛逆 Revolting

黑白几何图案充满着秩序感，常给人严谨、规范的感觉。在这样的图案背景下，利用香薰色植物自由生长的旺盛生命力和不羁的态度，实现对传统和规则的反叛。同时，也在努力展现一种新的秩序和高贵的气质。

解析_香薰色在视觉上充满金属质感，如果在卫生间的墙壁上使用香薰色的墙纸，会带来奢华感觉，最好在有光泽的香薰色墙纸上，装饰着奶油糖果色和极光红的花卉图案。从大自然中汲取的植物灵感，纯粹、生动，触动人心，会让空间更有活力和情趣。亮白色浴缸被地面上的黑白条纹贯穿，让这个卫生间的典雅氛围里混搭着一种现代趣味。

帝王蓝
BU 3-03

蒸汽灰
GY 2-06

巧克力棕
BN 1-01

赭黄色
YL 1-07

山涧暮色

Mountain Twilight

配色方案灵感来自于落基山脉的阿塔巴斯卡河。这里一年四季河水会有不同的颜色。因为冰川融化，夏季河水呈现奶白色，其他季节冰川冻结，河水反射出蓝色和绿色的射线，从而呈现冰蓝色。河岸是陡峭石壁，水流冲刷的年轮和痕迹清晰可见。

解析_这套配色方案确实容易让人联想起茂密的丛林、陡峭的岩石以及湍飞的瀑布。棕色是美妙而浓重的自然色，大自然中随处可见。以杏仁色木质墙面为背景色，会使人联想起木材与岩石。再加入同色的布艺三人沙发和印花窗帘，进一步烘托室内气氛。蓝色是水流与天空的色彩，所以在墙面的壁布、单人沙发以及台灯上采用了帝王蓝，能与杏仁色产生强烈对比，营造宁静的感觉。另外，斑马纹的茶儿和赭黄色靠包的点缀还可以增加空间的色彩层次感。

巧克力私语
Whisper of Chocolate

巧克力无法抗拒的美味让人着迷，埋藏于心底的记忆像巧克力一样回味无穷，丝丝萦绕。有人说它是甜的，有人说是苦的，有人说它是快乐，有人说它是苦涩。“人生就像一盒巧克力，你永远也不知道下一个吃到的是什么味道。”如果你是一个巧克力控，或迷恋它的色彩或迷恋它的味道，那么这套配色方案你不能错过。

解析_这套配色方案在软装上表现得非常充分，虽然是一个高大上的空间，但在装饰上并没有显得过于保守和“土豪”。相反，设计师力图通过现代装饰，表明自己内心的不安分。鹧鸪色的木质墙面使空间稍显厚重，搭配轻盈明快的蒸汽灰沙发、块毯和吊灯，使空间明快、凉爽。海蓝色靠包和挂画，能够进一步平衡空间色调。在一个中规中矩的空间里，一定要有一件出跳的物品来打破沉闷，这套方案中使用了哥特风格的骷髅挂画，当中除了海蓝色还有中国红与火烈鸟粉，色彩斑斓，不仅成为空间的视觉焦点，也是室内装饰中最为个性的地方。

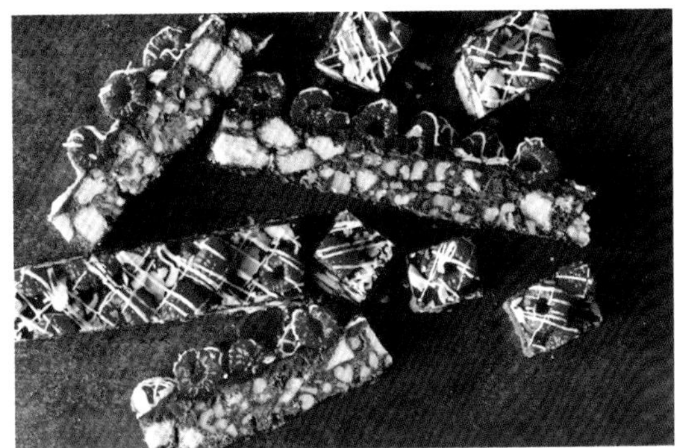

鹧鸪色
BN 1-04

蒸汽灰
GY 2-06

海蓝色
BU 3-12

中国红
RD 1-05

火烈鸟粉
PK 1-07